Uwe Engler / Ellen Hautmann

Grundwissen Marketing

Marktforschung und -analyse / Marketingplanung / Marketinginstrumente

Herausgegeben in Zusammenarbeit mit dem FORUM Berufsbildung

4., überarbeitete Auflage

W0056141

Cornelsen

Verlagsredaktion: Erich Schmidt-Dransfeld
Technische Umsetzung: TypeArt, Grevenbroich
Umschlaggestaltung: Claudia Adam
Titelfoto: John Rowley/Gettyimages/Photodisc

Informationen über Cornelsen Fachbücher und Zusatzangebote:
www.cornelsen.de/berufskompetenz

4., überarbeitete Auflage 2020

© 2014 Cornelsen Schulverlage GmbH, Berlin
© 2017 Cornelsen Verlag GmbH, Berlin

Druck: AZ Druck und Datentechnik GmbH, Kempten

ISBN 978-3-06-451013-5

PEFC zertifiziert
Dieses Produkt stammt aus nachhaltig
bewirtschafteten Wäldern und kontrollierten
Quellen.

PEFC
PEFC/04-31-2260

www.pefc.de

Vorwort

Benötigen Sie schnell und gezielt kompaktes Basiswissen zum Thema Marketing? Sie finden alles Wesentliche im vorliegenden Band, der vor allem Teilnehmer/innen der beruflichen Fort- und Weiterbildung, Umschüler/innen und Auszubildende anspricht. Natürlich sind Sie aber auch als Leser/in willkommen, wenn Sie Ihr Wissen für die Praxis auffrischen oder sich sonst ins Thema Marketing einarbeiten möchten.

Das Buch zeichnet sich durch eine gezielte Stoffauswahl und eine verständliche Darstellung aus. Es „erschlägt" seine Leser/innen nicht mit der Komplexität der Materie, sondern konzentriert sich auf das, was in der Praxis wirklich benötigt und in Abschlussprüfungen der IHK und anderer Weiterbildungsträger für kaufmännische Berufe gefragt wird.

Wesentliche Definitionen stehen für Sie griffbereit zum Nachschlagen im Marketingglossar am Ende des Buchs. Dieses Glossar können Sie auch bequem aus dem Internet herunterladen (www.berufskompetenz.de). Wenn Sie sich gerade auf eine Prüfung vorbereiten, werden Sie gezielt mit methodisch durchdachten Aufgaben am Ende eines jeden Hauptkapitels unterstützt. Die dazugehörenden Lösungshinweise finden Sie am Buchende.

Damit Sie einen guten Gesamtüberblick bekommen und die Anwendung der Inhalte auch praxisnah erfahren, ist als letztes Kapitel des Buchs die Gliederung eines vollständigen Marketingplans abgedruckt. Diese können Sie auch als Checkliste für Ihren eigenen Marketingplan verwenden.

Die 4. Auflage wurde durchgesehen, aktualisiert und um einige Aspekte erweitert.

Autoren und Verlag wünschen Ihnen nun viel Spaß beim Lesen und viel Erfolg bei Ihrem Vorhaben.

Inhaltsverzeichnis

1	**Einführung ins Marketing**	7
1.1	Marketing als unternehmerische Denkhaltung	7
1.2	Marketing als „Technik"	9
1.3	Marketing als Managementkonzeption	11
1.4	Marketing auf unterschiedlichen Märkten	13
2	**Zielgruppen und Kaufverhalten**	15
2.1	Zielgruppenbeschreibung	16
2.2	Kaufverhalten	20
2.2.1	*Involvement*	23
2.2.2	*Typologie des Kaufverhaltens*	24
2.2.3	*Modelle zur Erklärung des Kaufverhaltens*	27
3	**Marktforschung**	36
3.1	Marktforschung als Basis für unternehmerische Entscheidungen	36
3.2	Ablauf einer Marktforschungsmaßnahme	37
3.3	Inhalte der Marktforschung	38
3.4	Wahl der Erhebungsmethode	38
3.4.1	*Sekundärforschung: Marktforschung vom Schreibtisch aus*	38
3.4.2	*Primärforschung: Informationen aus dem „Feld"*	39
3.5	Erhebungsmethoden der Primärforschung	40
3.5.1	*Die Befragung*	40
3.5.2	*Die Beobachtung*	51
3.5.3	*Sonderformen der Primärforschung*	54
3.6	Stichprobenbildung – Wer wird für die Untersuchung ausgewählt?	59
3.7	Auswertung und Aufbereitung der Informationen	61
3.8	Ausgewählte Markt- und Mediastudien	63
4	**Analyse und Interpretation der Marktsituation**	68
4.1	Potenzialanalyse	69
4.2	Konkurrenzanalyse	69
4.3	Marktanalyse	70
4.3.1	*Marktsituation*	70
4.3.2	*Lieferanten und Kooperationspartner*	73
4.3.3	*Absatzmittler*	73
4.3.4	*Bestehende und potenzielle Kunden*	74
4.4	Umfeldanalyse	74
4.5	Stärken-Schwächen-Analyse	76
4.6	Chancen-Risiken-Analyse	76
4.7	SWOT-Analyse	77
5	**Marketingplanung**	81
5.1	Idealtypischer Marketingplanungsprozess	81

5.2	Analyse der Marktsituation	84
5.3	Marktsegmentierung	84
5.3.1	*Anforderungen an Marktsegmentierungskriterien*	85
5.3.2	*Marktsegmentierungsstrategien nach Abell*	85
5.4	Marketingziele	87
5.4.1	*Ökonomische Marketingziele*	87
5.4.2	*Psychologische Marketingziele*	88
5.4.3	*Anforderungen an Marketingziele*	89
5.4.4	*Marketingziele im unternehmerischen Zielsystem*	91
5.5	Marketingstrategien	93
5.5.1	*Wettbewerbsstrategien nach Porter*	94
5.5.2	*Marktstimulierungsstrategien nach Becker*	97
5.5.3	*Marktstrategien (Produkt-Markt-Matrix) nach Ansoff*	99
5.6	Gestaltung des Marketingmix	104
5.7	Budgetierung	107
5.8	Marketingkontrolle	109
6	**Produktpolitik**	**111**
6.1	Grundlagen und Instrumente	111
6.2	Produktlebenszyklus	112
6.3	Portfolioanalyse	115
6.4	Phasen der Produktinnovation	119
6.5	Sortiments- und Programmaufbau	121
6.5.1	*Herstellerprogramm*	121
6.5.2	*Handelssortiment*	121
6.6	Programmpolitische Basisentscheidungen	123
6.7	Servicepolitik	125
6.8	Garantieleistungspolitik	126
7	**Kontrahierungspolitik**	**128**
7.1	Ziele und Instrumente der Kontrahierungspolitik	128
7.2	Preispolitik	128
7.2.1	*Kostenorientierte Preisbildung*	129
7.2.2	*Wettbewerbsorientierte Preisfindung*	131
7.2.3	*Nachfrageorientierte Preisbildung*	131
7.3	Preisdifferenzierung	132
7.4	Rabattpolitik und Preisaktionen	133
7.5	Liefer- und Zahlungsbedingungen	134
7.6	Kreditpolitik	134
7.7	Preisstrategien bei der Einführung neuer Produkte	134
8	**Vertriebs- und Distributionspolitik –**	
	Der Weg zum Käufer	**139**
8.1	Ziele der Distributionspolitik	139
8.2	Indirekter Vertrieb	140

8.3	Direkter Vertrieb	144
8.4	Beurteilung der Vertriebswege aus Herstellersicht	145
8.5	Besonderheiten der Distribution von Dienstleistungen	146
9	**Kommunikationspolitik**	**148**
9.1	Ziele der Kommunikationspolitik	148
9.1.1	Bekanntheit	148
9.1.2	Einstellungen und Image	149
9.1.3	Information („Aufklärung" des Verbrauchers)	150
9.1.4	Aktivierung (AIDA-Modell von Lewis)	151
9.2	Instrumente der Marketingkommunikation	152
9.2.1	Werbung	152
9.2.2	Public Relations (PR, Öffentlichkeitsarbeit)	163
9.2.3	Direktmarketing (Dialogmarketing)	168
9.2.4	Persönlicher Verkauf	169
9.2.5	Verkaufsförderung (VKF, Sales Promotion)	170
9.2.6	Beteiligung an Messen und Ausstellungen	172
9.2.7	Sponsoring	175
9.2.8	Product-Placement	178
9.2.9	Merchandising	179
9.2.10	Cross-Marketing	179
9.2.11	Ambient Media	180
9.2.12	Online-Marketing	180
9.3	Markenpolitik	182
9.4	Corporate Identity	187
10	**Kontrolle**	**189**
10.1	Marketingkontrolle	189
10.2	Werbeerfolgskontrolle	189
10.3	Messen der Werbewirkung	190
10.3.1	Verfahren zur Messung der Wahrnehmung	191
10.3.2	Erinnerungsverfahren	192
10.3.3	Wiedererkennungstest (Recognition)	193
10.4	Messen des ökonomischen Werbeerfolgs	193
11	**In acht Schritten zu Ihrem kurzfristigen Marketingplan**	**197**
Marketingglossar		**205**
Lösungen		224
Empfohlene und verwendete Literatur		227
Stichwortverzeichnis		229
Über Herausgeber und Autoren		231
Quellenverzeichnis		232

1 Einführung ins Marketing

Der Begriff Marketing bezeichnet eine unternehmerische Denkhaltung (eine „Philosophie"); zugleich steht er aber auch für die Anwendung eines bestimmten Instrumentariums (also für eine „Technik") und für eine Managementkonzeption, die alle betrieblichen Funktionen (Beschaffung, Produktion, Absatz, Personal, Finanzen/Rechnungswesen) auf den höchstmöglichen Nutzen für den Kunden und den maximalen Gewinn für das Unternehmen ausrichten will.

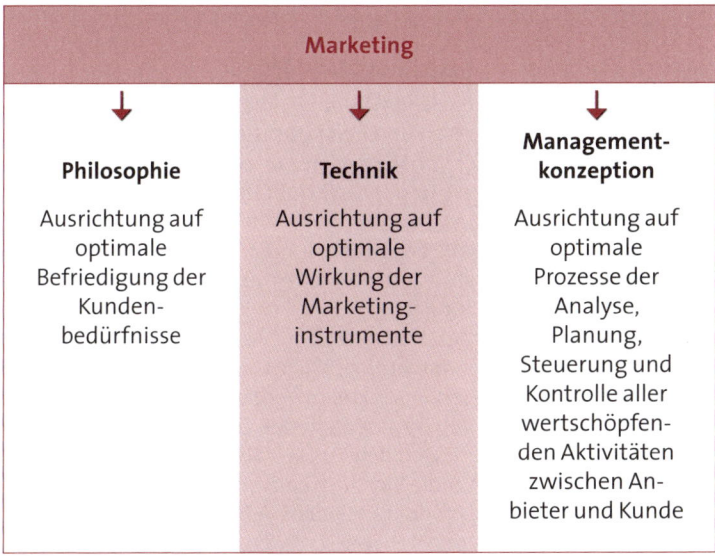

Abb. 1.1:   *Marketing: drei Sichtweisen*

1.1 Marketing als unternehmerische Denkhaltung

Marketing ist zunächst einmal eine unternehmerische Denkhaltung. Dabei geht es aus der Sicht eines Anbieters vor allem darum, eine Leistung zu erbringen, die für eine bestimmte Zielgruppe nützlich ist.

Kunden entscheiden sich nur dann für ein Angebot, wenn sie es für nützlich halten. Sie müssen also davon überzeugt sein, dass das Angebot geeignet ist, eines ihrer Bedürfnisse zu befriedigen. Nur dann werden sie das Angebot kaufen – und nur so kann sich der Anbieter am Markt etablieren und behaupten.

Die Befriedigung der Kundenbedürfnisse steht also im Mittelpunkt des unternehmerischen Interesses, weil das Unternehmen nur mit Angeboten, die von den Verbrauchern angenommen werden, eine Chance hat, am Markt zu bestehen. Darauf basiert die gängigste Marketingdefinition:

> *„Marketing ist die bewusst marktorientierte Führung des gesamten Unternehmens." (Heribert Meffert 2000)*

Wir können also festhalten: Marketing orientiert sich immer an den Anforderungen der (potenziellen) Kunden. Aber eben nicht ausschließlich: Neben den bestehenden und den potenziellen Kunden spielen als weitere Marktteilnehmer vor allem Lieferanten, Absatzmittler (Händler), Kooperationspartner und Konkurrenten (Wettbewerber) eine wichtige Rolle im Markt.

Da Marketing eine marktorientierte (und nicht nur eine kundenorientierte) Unternehmensführung darstellt, müssen die Interessen und voraussichtlichen Handlungen aller Marktteilnehmer berücksichtigt werden und in die unternehmerischen Entscheidungen einfließen.

So muss man sich als Anbieter beispielsweise damit auseinandersetzen, wie gut die eigenen Produkte im Vergleich zu den Konkurrenzprodukten sind und ob der Preis der eigenen Leistung im Vergleich zu den Alternativen am Markt von den Kunden als „fair" wahrgenommen wird. Dabei zählt nicht nur die Sicht der Endverbraucher, sondern auch die des Handels, der die Produkte zunächst einmal listen und für den Verbraucher zugänglich machen muss.

Wenn der Handel das Produkt nicht listet (also nicht in seine Einkaufsliste aufnimmt), kann der Kunde es nur mit erheblichem Mehraufwand erwerben. Der Markterfolg eines Herstellers hängt also sehr stark von seinen Möglichkeiten ab, das Produkt für den Kunden verfügbar zu machen – und damit insbesondere von seinen Handelsbeziehungen.

Um den Handel (als Absatzmittler) zu überzeugen, dass es für ihn sinnvoll ist, das Produkt in sein Sortiment aufzunehmen, muss der Hersteller immer „mehrgleisig" fahren.

Zum einen muss er glaubhaft machen, dass das Produkt für viele Kunden interessant ist, sodass eine hohe Nachfrage gewährleistet ist.

Auf diese Weise bietet er dem Handel eine gewisse Absatz- und damit Umsatzsicherheit; das Produkt verkauft sich gewissermaßen „von selbst". Um diese anhaltend hohe Nachfrage zu erzeugen, muss der Hersteller eine verbrauchergerichtete Kommunikation betreiben, die sein Produkt als Marke im Verbraucherbewusstsein als attraktiv und unentbehrlich verankert.

Zum anderen muss der Hersteller dem Handel attraktive Konditionen bieten, da der Händler als Absatzmittler rechtlich und wirtschaftlich selbstständig ist, also ein Unternehmer mit eigenen Interessen ist. Das bedeutet, dass der Händler einen ausreichend hohen Gewinn erzielen will, der eine Eigenkapitalverzinsung mindestens in der Höhe des üblichen Marktzinses ermöglicht. (Ansonsten würde es sich ja nicht lohnen, das unternehmerische Risiko eines Totalverlustes einzugehen. Dann könnte man das Geld bequemer und sicherer auf dem Sparbuch für sich arbeiten lassen.) Der Hersteller muss also in seiner handelsgerichteten Kommunikation darstellen, mit welchen Maßnahmen er den Handel unterstützt und wie hoch der voraussichtliche Gewinn für den Handel ist, wenn er das Produkt in sein Sortiment aufnimmt.

Die typischen Grundfragen im Marketing können wir also folgendermaßen zusammenfassen:
● Wem biete ich welche Leistung an?
● Welche Gegenleistung erwarte ich vom (potenziellen) Kunden für die Inanspruchnahme meiner Leistung?
● Wie mache ich mein Angebot dem (potenziellen) Kunden zugänglich?
● Wen informiere ich in welcher Weise über mein Angebot?

Diese vier Grundfragen skizzieren im Grunde den Marketingmix, also die zielgerechte Verknüpfung der einzelnen Marketinginstrumente.

1.2 Marketing als „Technik"

Erfolgreiches Marketing setzt neben der richtigen – also marktorientierten – unternehmerischen Denkhaltung auch die Beherrschung eines gewissen „Handwerks" voraus.

Unternehmen wollen schließlich kein passiver Spielball des Zufalls sein (und vielleicht Erfolg haben, vielleicht aber auch nicht). Sie wollen aktiv Einfluss auf das Marktgeschehen nehmen und durch einen geziel-

ten, wirkungsvollen Einsatz der Marketinginstrumente die Erfolgswahrscheinlichkeit erhöhen.

Marketing als „Technik" beinhaltet also einerseits die Anwendung
eines bestimmten Instrumentariums und andererseits die Verknüpfung mehrerer Instrumente zu einem sinnvollen, Erfolg versprechen-
den Marketingmix.

Im deutschsprachigen Raum haben sich folgende Bezeichnungen für
die Marketinginstrumente durchgesetzt:

● Produktpolitik (auch: Angebotspolitik)
● Preispolitik (auch: Entgeltpolitik, Kontrahierungspolitik oder Kondi-
  tionenpolitik)
● Distributionspolitik
● Kommunikationspolitik

Im englischsprachigen Raum hat sich vor allem das 4-P-Modell durchgesetzt:

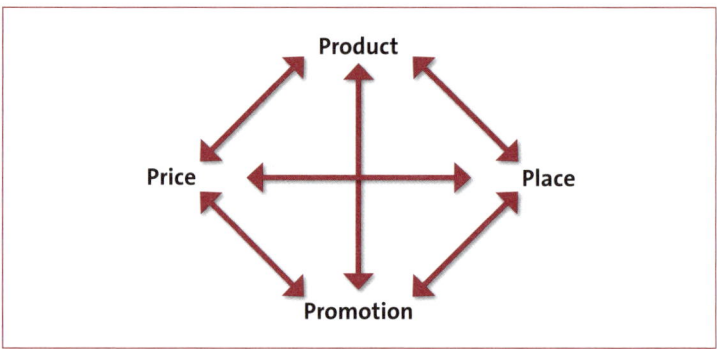

Abb. 1.2:   4-P-Modell

Dabei stehen „Product" für Produktpolitik, „Price" für Preispolitik, „Place"
für Distributionspolitik und „Promotion" für Kommunikationspolitik.

Weil bei Dienstleistungen das Personal eine besonders wichtige Rolle spielt, wird das 4-P-Modell häufig um den Aspekt „Personnel" zum
5-P-Modell erweitert. Denken Sie nur an den Schaden, den beispielsweise ein Arzt, ein Pilot oder eine Friseurin mit einer einzigen Fehlleistung
anrichten könnte.

*In der Praxis werden die Marketinginstrumente nie isoliert
eingesetzt, sondern immer miteinander kombiniert, um die
Wirkung zu erhöhen.*

Dabei sind allerdings nicht alle Marketinginstrumente gleichberechtigt; vielmehr gibt es – je nach Situation – ein Leitinstrument. Das kann die Produktpolitik sein, beispielsweise bei technischen Innovationen (ShowView). Das kann aber auch die Distributionspolitik sein, beispielsweise beim Aufbau eines Direktvertriebssystems im hart umkämpften Markt für Computer-Hardware (Dell).

Das kann man sich wie in einem Konzert vorstellen: Erst das aufeinander abgestimmte Zusammenspiel der einzelnen Instrumente ergibt ein harmonisches Gesamtwerk, das die gewünschte Wirkung beim Publikum erreicht. Und der Marketingmanager ist hier der Dirigent.

1.3   Marketing als Managementkonzeption

Marketing ist als unternehmerische Denkhaltung eine wichtige Managementaufgabe. Managen bedeutet sinngemäß: „in der Lage sein, etwas zu tun", also beispielsweise eine bestimmte Aufgabe zu lösen. Der einfache Managementzyklus wird häufig als 4-Phasen-Modell dargestellt:

- Analysephase
- Planungsphase
- Realisierungsphase
- Kontrollphase

Das idealtypische Vorgehen im Marketingmanagement ist stark an den Managementzyklus angelehnt und wird oft als „Marketingregelkreis" bezeichnet (siehe Abbildung 1.3 auf der folgenden Seite).

Um die richtigen Entscheidungen treffen und sie erfolgreich umsetzen zu können, muss man die Marktsituation kennen und seine eigene Position im Markt korrekt einschätzen. Dann definiert man seine Marketingziele (beispielsweise in Bezug auf die Höhe des Umsatzes in einem bestimmten Zeitraum). Wenn die Ziele bestimmt sind, kann man eine geeignete Strategie entwickeln, mit der man mittel- bis langfristig die gesetzten Ziele erreichen kann.

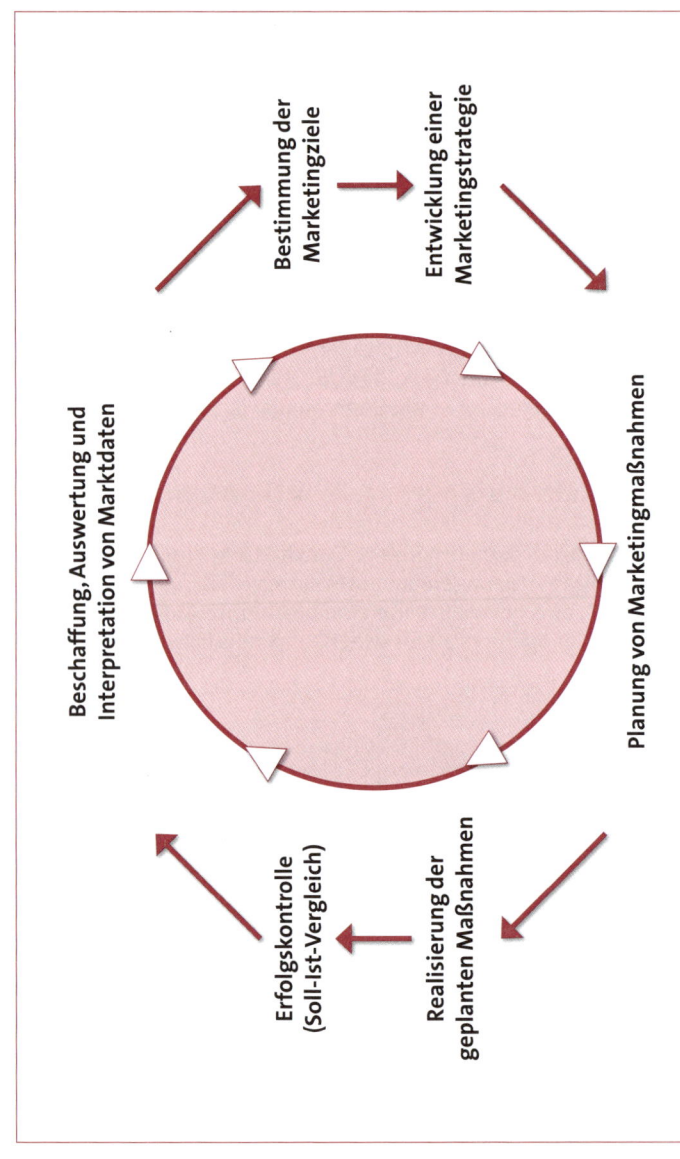

Abb. 1.3:   Marketingregelkreis

Erst dann kann man beginnen, die Marketingmaßnahmen zu planen, da alle Maßnahmen unter dem Dach einer gemeinsamen Strategie ineinandergreifen müssen und sich nicht gegenseitig behindern dürfen. Wenn die Planung der Maßnahmen abgeschlossen ist, kann man mit der Umsetzung (Durchführung) der Maßnahmen beginnen.

Und schließlich muss man überprüfen, ob die durchgeführten Maßnahmen zum angestrebten Erfolg geführt haben (oder nicht). Falls nicht, muss man herausfinden, worin die Abweichung begründet ist. So geht die Kontrollphase nahtlos in die Analysephase über. Und damit schließt sich der Kreis wieder.

1.4 Marketing auf unterschiedlichen Märkten

Wenn man Märkte analysiert, stellt man fest, dass sie sich in ihren Merkmalen häufig deutlich voneinander unterscheiden. Das betrifft u.a. das Alter des Marktes, das Marktwachstum, die Anzahl der Anbieter und Nachfrager, die Art der angebotenen Leistungen und deren übliche Verwendung (privat oder gewerblich). Entsprechend unterscheidet sich auch das Vorgehen der Anbieter auf den verschiedenen Absatzmärkten.

Nach dem Vermarktungsobjekt unterscheidet man zwischen ...
- Konsumgütermarketing, wenn es um die Vermarktung von Produkten für den privaten Gebrauch geht (z.B. Haushaltsartikel, Bekleidung, Spielzeug, Nahrungs- und Genussmittel);
- Investitionsgütermarketing, wenn es um die Vermarktung von Produkten für die betriebliche Nutzung geht, insbesondere wenn diese Produkte für die Erbringung der betrieblichen Leistungen erforderlich sind (z.B. Druckmaschinen, Bagger, Computernetzwerke, Werkbänke und Fließbänder);
- Dienstleistungsmarketing, wenn es sich um Marketing für immaterielle Güter handelt (z.B. Beratung in Steuerangelegenheiten und Vermittlung von Arbeitskräften);
- Non-Profit-Marketing, wenn es sich um Marketing für Organisationen ohne Gewinnerzielungsabsicht handelt (z.B. ein Ministerium, die Bundeswehr, ein kleiner Fußballverein, eine staatliche Hochschule oder ein Wirtschaftsverband);

- Social Marketing, wenn es um die Vermarktung einer sozialen Idee geht, aber nicht um eine Organisation (z.B. eine gesellschaftlich nützliche Idee wie eine AIDS-Aufklärungskampagne);
- Destination Marketing, wenn es um die Vermarktung einer touristischen Region geht (z.B. Oberlausitz, Uckermark oder Berlin);
- Handelsmarketing, wenn es um die Vermarktung eines Handelsbetriebs geht (z.B. Kaiser's oder Lidl).

Nach den beteiligten Marktpartnern unterscheidet man zwischen ...
- Business-to-Business-Marketing, wenn es um die Vermarktung einer Leistung von einem Betrieb an einen anderen Betrieb geht (Beispiel: ein Druckmaschinenhersteller bietet Maschinen für den Zeitungsdruck an; Zielgruppe: Druckereien, also Betriebe);
- Business-to-Customer-Marketing, wenn es um die Vermarktung einer Leistung von einem Betrieb an einen Privathaushalt geht (Beispiel: ein Softwarehersteller bietet Computerspiele an; Zielgruppe: Privathaushalte);
- Trade Marketing, wenn es einem Hersteller darum geht, Absatzmittler/Händler zu gewinnen und gute Beziehungen zum Handel zu pflegen (Beispiel: handelsgerichtete Werbung in Fachzeitschriften wie der „Lebensmittelzeitung").

Aufgaben zur Selbstkontrolle	**1. Beantworten Sie bitte durch Ankreuzen!**		
		richtig	*falsch*
	Marketing zielt ausschließlich darauf, dass Unternehmen mit ihren Leistungen die Bedürfnisse ihrer Kunden befriedigen.		
	Die Unternehmen versuchen, die Bedürfnisse ihrer Kunden zu befriedigen, weil Kunden nur dann die Produkte kaufen, wenn sie sie als nützlich empfinden.		
	Kaufentscheidungen werden immer nur anhand des Preises getroffen.		
	Marketing beinhaltet neben der unternehmerischen Denkhaltung auch die richtige Anwendung des Marketinginstrumentariums.		
	2. Welche vier Faktoren werden im 4-P-Modell dargestellt?		

2 Zielgruppen und Kaufverhalten

Marketing soll dazu beitragen, dass die Wünsche und Bedürfnisse der Zielgruppen optimal befriedigt werden, beispielsweise indem man die Produkteigenschaften (Form, Farbe, Geruch, Geschmack, ...) so genau wie möglich auf die Anforderungen der Kunden abstimmt.

Damit das möglich ist, muss der Anbieter zunächst einmal so viel wie möglich über die potenziellen Kunden wissen (vgl. hierzu Kapitel 3: „Marktforschung"). Er muss sich Gedanken darüber machen, wem er was in welcher Weise und zu welchem Preis anbieten will. Er muss also eine konkrete Zielgruppe für seine Leistung definieren.

Die „Eingangsfrage" lautet dabei zunächst: Sind meine (potenziellen) Kunden Betriebe oder Privathaushalte? – Daraus ergibt sich dann das weitere Vorgehen hinsichtlich der anzubietenden Produkte und Dienstleistungen, der Vertriebswege, der Preispolitik und der Kommunikationsmaßnahmen.

B2B-Marketing: B2B steht für „Business-to-Business", bezeichnet also das Firmenkundengeschäft eines Anbieters. Zielgruppe sind hier Betriebe/Organisationen, u.a. Unternehmen. Beispiel: Ein Kopiererhersteller oder ein Anbieter von Kopierpapier werden den Betrieben a) ganz andere Geräte und Dienstleistungen und b) ganz andere Mengen anbieten als den Privatkunden (Konsumenten, Privathaushalten). Von B2B-Kunden werden zum einen große Mengen eingekauft. Hier spielen also Mengenrabatte, Zahlungsfristen und Liefertermine eine wichtige Rolle. Darüber hinaus hätte eine Fehlentscheidung im Einkauf für den Kunden möglicherweise gravierende Auswirkungen auf die Produktion und die Produktqualität; er kann sich also keine groben Fehler leisten. Daher entscheiden bei Firmenkunden oft nicht einzelne Personen (was sehr subjektiv wäre), sondern sogenannte „Buying Center" (Einkaufsgremien), wodurch die Einkaufsentscheidung nach einer Ausschreibung sehr viel objektiver wird. Allerdings bedarf der Einkaufsentscheidungsprozess auf Kundenseite zahlreicher Abstimmungen unter mehreren Abteilungen und wird daher auch sehr langwierig (teilweise mehrere Monate bis Jahre). Das muss der Anbieter natürlich berücksichtigen. Im B2B-Marketing ist es wichtig, die einzelnen Funktionsträger zu kennen, um sie a) gezielt ansprechen und ihnen b) die jeweils für sie passenden Zuarbeiten (z.B. Konzepte als Entscheidungshilfen) liefern zu können. Typische Funktionsträger im Buying Center sind der Gatekeeper (Türöffner, z.B. Sekretärin oder Assistentin der Geschäftsleitung), der Decider (Entscheider, z.B. der Geschäftsführer), der Buyer (Einkäufer, z.B. der Mitarbeiter in der Einkaufsabteilung), der User (Anwender, z.B. der Mitarbeiter, der mit der neu eingekauften Software arbeiten soll) und der Influencer (Beeinflusser, z.B. ein externer Unternehmensberater, Grafiker oder Kooperationspartner).

B2C-Marketing: B2C steht für „Business-to-Customer", bezeichnet also das Privatkundengeschäft eines Anbieters. Zielgruppe sind Privathaushalte (Konsumenten, Endverbraucher). Beispiel: Ein Hotel kann Privatpersonen die Tagungsräume für Hochzeits- oder Geburtstagsfeiern anbieten (B2C); die gleichen Tagungsräume wird man aber mit höherer Erfolgswahrscheinlichkeit und zu höheren Preisen an Unternehmen vermieten können, die dort Seminare, Workshops, Tagungen oder Pressekonferenzen durchführen wollen (B2B).

2.1   Zielgruppenbeschreibung

Zielgruppen definiert man im Business-to-Customer-Marketing häufig anhand ihrer
- soziodemografischen,
- psychografischen und
- verhaltensbeschreibenden Merkmale.

Merkmale zur Zielgruppenbeschreibung im B-to-C-Marketing		
Soziodemografische Merkmale	*Psychografische Merkmale*	*Verhaltensbeschreibende Merkmale*
• Alter • Geschlecht • Einkommen • Wohnort • Familienstand • Kinder • Ausbildung	• Werte und Normen • Einstellungen • Interessen • Vorlieben • Kaufabsichten • Motive • Involvement • Kenntnisstand zum Produkt und zum Unternehmen	• Verwender oder Nicht-Verwender • Eigene Marke oder Konkurrenz • Preisverhalten • Markentreue • Einkaufsstättenwahl • Mediennutzung • Informations- und Suchverhalten

Nach ausgewählten Zielgruppenmerkmalen können Märkte segmentiert werden, d.h., ein Anbieter kann sich entscheiden, welchen Teilmarkt (oder welche Teilmärkte) er bedienen will. Wenn man beispielsweise die soziodemografischen Daten zugrunde legt, kann man feststellen, dass das Alter der Zielpersonen eine erhebliche Rolle bei der Kaufentscheidung spielt und dementsprechend auch Auswirkungen auf die Entwicklung und Vermarktung von Angeboten für diese Zielgruppe hat. So interessieren sich relativ wenige Senioren für Barbie-Puppen oder Spielkonsolen.

Jugendliche hingegen benötigen normalerweise noch keine Antifaltencreme. Und männliche kinderlose Singles zwischen 25 und 35 Jahren haben nahezu kein Interesse an Babykost. Das Interesse an Babykost ist bei Müttern mit Kindern bis zu drei Jahren deutlich stärker ausgeprägt.

Wir sehen:

Die Zielgruppenmerkmale bestimmen die Absatzchancen und damit den für einen Anbieter relevanten Teilmarkt.

Einige Modelle beschreiben „vordefinierte" Zielgruppen und erleichtern den Marketingmanagern damit die Arbeit, da sowohl Marketingplaner als auch Agenturen und Medienpartner mit den gleichen Definitionen arbeiten können und sich so besser verstehen. Besonders interessant sind in diesem Zusammenhang die soziologisch fundierten „Sinus-Milieus". Sie beschreiben die deutschen Konsumenten insbesondere anhand der Merkmale „soziale Lage" (= soziale Schicht) und „Grundorientierung" (= dem Handeln zugrunde liegende Werte).

Beispiel zur Arbeit mit den „Sinus-Milieus": Ein in Brandenburg an der Havel ansässiger regionaler Hersteller von Bio-Käse wird besonders die sozialökologisch orientierten Konsumenten aus Brandenburg, Berlin, Teilen Mecklenburgs und Teilen Sachsen-Anhalts ansprechen. Zum sozialökologischen Milieu gehören ca. 7 % der Bevölkerung in Deutschland. Die Konsumenten lassen sich eher der oberen Mittelschicht zuordnen. Treibende Werte sind „Modernisierung/Individualisierung" und „Sein & Verändern". Es sind vor allem Intellektuelle, Künstler, Freiberufler, Studenten und gut ausgebildete Besserverdiener mit stark ausgeprägtem Umwelt- und Gesundheitsbewusstsein, die Bio-Produkte aus der Region bevorzugen, die sie gern auf Wochenmärkten frisch einkaufen. Sie wollen authentisch leben, stehen aggressiver

Die Sinus-Milieus® in Deutschland 2014
Soziale Lage und Grundorientierung

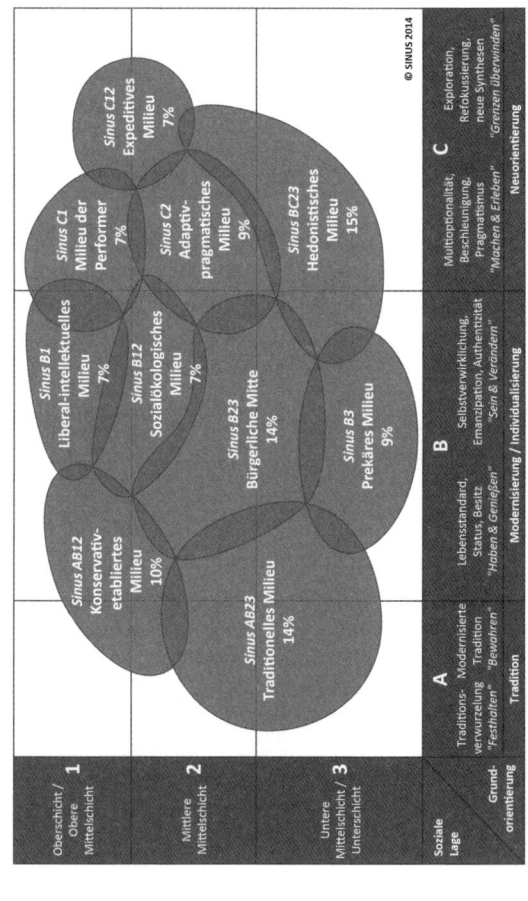

Abb. 2.1:   *Die Sinus-Milieus® in Deutschland 2014 (Quelle: Sinus Markt- und Sozialforschung GmbH, Heidelberg; online im Internet unter http://www.sinus-institut.de/loesungen/sinus-milieus.html)*

Markenwerbung eher skeptisch gegenüber und achten (z.B. bei Kaffee) auf fairen Handel. Für das gute Gefühl, auch beim Einkauf von Nahrungs- und Genussmitteln ein wenig die Welt verbessert zu haben, geben sie gern ein paar Euro mehr aus.

Die starke Betonung der Lebensumstände und Lebensauffassungen von Konsumenten spielt vor allem deshalb eine wichtige Rolle, weil Konsumenten ja nicht nur konsumieren, sondern auch ein Leben außerhalb des Konsums führen. Sie sind nicht einfach nur Teil einer Zielgruppe, sondern sie treffen sich mit Freunden, sie denken über die Welt nach – sie sind Menschen mit Vorlieben, Abneigungen und persönlichen Interessen.

Das ganzheitliche Bild des Menschen, dessen Bedürfnisse man mit seinen Produkten befriedigen will, wird mit den Sinus-Milieus oft besser erfasst als mit der üblichen Zielgruppenbeschreibung über soziodemografische Daten. Der Marketingmanager kann durch die modernen, soziologisch fundierten Modelle seine Zielgruppe viel besser verstehen, indem er sich in ihre Welt „einfühlt". Und so kann er natürlich auch viel wirksamer Einfluss auf das Kaufverhalten seiner Zielgruppe nehmen.

> *„Marketing-Manager sollten sich intensiv mit ihren Zielgruppen beschäftigen und Entscheidungen aus deren Perspektive treffen." (Vergossen: Marketingkommunikation, 2004, S. 132)*

Zu wissen, was der (potenzielle) Kunde einkauft, warum er ein bestimmtes Produkt anderen vorzieht und anhand welcher Kriterien er seine Einkaufsentscheidungen trifft, ist die Basis für erfolgreiche Entscheidungen im Marketingmanagement:

- Was kauft der Kunde ein?
- Warum kauft der Kunde ein bestimmtes Produkt?
- Bleibt der Kunde bei einer bestimmten Marke oder wechselt er häufig?
- Wie oft und wie viel kauft der Kunde ein?
- Wann und wo kauft der Kunde ein?
- Wie gründlich informiert sich der Kunde vor dem Kauf?
- Welche Quellen nutzt der Kunde zur Information?
- Welche Personen beeinflussen oder beurteilen die Kaufentscheidung des Kunden?

Wichtige Zielgruppentypen im Überblick:

Smart Shopper
Kauft „clever", achtet auf Qualität, will aber unbedingt einen Preisvorteil aushandeln

Dinkys
Double Income No Kids, (oft jüngere) Doppelverdiener ohne Kinder, mit hoher Konsumbereitschaft

Best Ager
55 bis ca. 65 Jahre alt, Kinder sind aus dem Haus, alles Einkommen und alle Zeit steht jetzt für eigenen Konsum zur Verfügung, hohe Konsumbereitschaft

LOHAS
Lifestyle of Health and Sustainability, achten sehr auf gesunde Lebensweise (Ernährung, Sport, Schlaf etc.), auf Umweltaspekte und artgerechte Tierhaltung, oft besser gebildet, sehr bewusste Einkäufer

Hybrider Verbraucher
Wechselt zwischen den „Konsumwelten", lebt gelegentlich über seine Verhältnisse und gönnt sich gern etwas Schönes und Teures, geht aber andererseits (bei Low-Interest-Produkten) auch beim Discounter einkaufen

2.2 Kaufverhalten

Grundsätzlich kann man davon ausgehen, dass der Mensch immer danach strebt, sein Risiko zu minimieren, zugleich aber seinen Nutzen zu maximieren – wobei ein geringeres Risiko (also höhere Sicherheit) bereits eine Nutzenmaximierung darstellt. Das gilt für alle Lebensbereiche.

Bei seiner Kaufentscheidung weiß der Konsument häufig noch nicht, welche Konsequenzen für ihn mit dem Kauf verbunden sind. Er geht also beim Kauf unbekannter Produkte bzw. für ihn noch unbekannter Marken ein gewisses Risiko ein. Folgendes könnte beispielsweise passieren:

Risiken falscher Kaufentscheidungen

- Das Produkt funktioniert nicht so wie erhofft.
  Beispiel 1: Der bestellte Cocktail schmeckt nicht.
  Beispiel 2: Das neu gekaufte Marketingbuch ist zu kompliziert geschrieben, sodass der Leser nicht gut daraus lernen kann.
  Konsequenz: Der Kunde hat zwar das Geld für das Produkt ausgegeben, konnte aber sein Bedürfnis mit dem erworbenen Produkt nicht befriedigen. So ist durch den Fehlkauf ein Schaden entstanden.

- Die in Anspruch genommene Dienstleistung wird falsch ausgeführt.
  Beispiel 1: Die neue Frisur sieht schrecklich aus, sodass man weitere Haare lassen muss, um wenigstens Schadensbegrenzung zu betreiben.
  Beispiel 2: Die Berufsausbildung führt durch mangelhafte Organisation des Ausbildungsbetriebs nur zu einem mäßigen IHK-Abschluss, vor allem aber zu lediglich geringer Handlungsfähigkeit des Azubis.
  Konsequenz: Die Entscheidung für eine Dienstleistung wird ja getroffen, ohne dass man sie vorher „in kleinen Mengen" testen kann. Man weiß also nicht, was man kriegt – und muss auf die Leistungsfähigkeit des Dienstleisters vertrauen. Man liefert sich aus. Das gilt übrigens nicht nur für Friseure und Bildungsträger, sondern zum Beispiel auch für Zahnärzte, Chirurgen, Fluggesellschaften und Reiseveranstalter.

- Durch den Kauf der falschen Marke wird man in seiner sozialen Referenzgruppe (Familie, Freundeskreis, Arbeitskollegen) negativ bewertet.
  Beispiel 1: In der Northern-Soul-Szene ist es üblich, Polo-Shirts von Fred Perry, Hemden von Ben Sherman und Schuhe von Dr. Martens zu tragen; wer das nicht tut, passt nicht optimal in die Szene.
  Beispiel 2: Wer zu einer Party einen zu billigen Wein als Geschenk mitbringt, gilt als knauserig, als arm oder als stilunsicher.
  Konsequenz: Der Kunde hat eine bestimmte Rolle in seiner sozialen Referenzgruppe, die er nicht verlieren will. Wer von den an ihn gestellten Rollenerwartungen negativ abweicht, verliert für eine bestimmte Zeit – und vielleicht sogar dauerhaft – die Anerkennung der Menschen, auf deren Meinung er Wert legt. Um das nicht zu riskieren, kaufen viele Menschen Produkte einer bestimmten Marke bzw. einer bestimmten Preiskategorie, auch wenn das eigentlich ihre finanziellen Möglichkeiten überstrapaziert. Sie gehen so auf „Nummer sicher".

● *Das gekaufte Produkt war zu teuer.*
Beispiel 1: Man sieht das Produkt kurz nach dem Kauf in einem anderen Geschäft zu einem günstigeren Preis.
Beispiel 2: Wenige Wochen nach dem Kauf kommt ein vergleichbares Produkt mit höherer Leistungsfähigkeit zum gleichen Preis auf den Markt – also mit besserem Preis-Leistungs-Verhältnis. Das ist z.B. regelmäßig bei USB-Sticks und externen Festplatten der Fall.
Konsequenz: Beim Kauf eines Produkts riskiert man immer, zu viel Geld in die Problemlösung investiert zu haben oder für das investierte Geld nicht den maximalen Nutzen zu bekommen. Das gilt vor allem bei technischen Produkten mit geringer „Halbwertzeit".

● *Durch den Kauf des einen Produkts muss man auf den Kauf eines anderen Produkts verzichten.*
Beispiel 1: Wer sich für ein Notebook (in Schwarz) entscheidet, wird sich nicht zeitgleich ein zweites Modell (in Silber) kaufen, weil er gleichzeitig nur ein Notebook nutzen kann.
Beispiel 2: Der dreiwöchige Sommerurlaub ist gebucht. Es geht in die Toskana. Gute Wahl eigentlich. Nur: Nach China kommt man in diesem Sommer dann eben nicht mehr.
Konsequenz: Mit der Entscheidung für das eine Produkt entscheidet man sich also automatisch gegen alle anderen Alternativen. Und weil man nicht alle Alternativen vor dem Kauf testen konnte, ist man unsicher, ob das gewählte Produkt wirklich das beste ist oder ob die Kaufentscheidung vielleicht suboptimal war.

Sie sehen: Kaufentscheidungen sind für Konsumenten immer mit zahlreichen funktionalen, sozialen und finanziellen Risiken verbunden. Allerdings werden diese Risiken unterschiedlich wahrgenommen – abhängig davon, wie wichtig dem jeweiligen Käufer etwas ist. Ist jemand stark involviert, ist ihm also eine Sache besonders wichtig, dann schätzt er das Risiko beim Kauf relativ hoch ein und wägt entsprechend genau ab. Kauft ein Mann beispielsweise Blumen für die erste Verabredung mit seiner neuen Bekannten, verbringt er mit der Auswahl üblicherweise viel Zeit und prüft womöglich jede einzelne Blüte – auch wenn der Strauß insgesamt nicht mehr als ein paar Euro kostet, also finanziell keine große Investition darstellt.

2.2.1   Involvement

Das Involvement bezeichnet den Grad der Beteiligung oder Betroffenheit. Je mehr der Konsument „in etwas verwickelt" ist, desto wichtiger ist ihm die Angelegenheit. Je stärker ein Mensch in eine Sache involviert ist, desto intensiver beschäftigt er sich damit.

Man unterscheidet im Marketing zwischen High Involvement und Low Involvement, die völlig unterschiedliche Auswirkungen auf das Kaufverhalten von Konsumenten haben.

Auswirkungen von High und Low Involvement		
Kaufverhalten	**Involvement**	
	High Involvement	*Low Involvement*
Informations-suche	Aktive und umfassende Suche nach Informationen zum Produkt und zum Anbieter, intensiver Vergleich von Preisen und Beschaffungsmöglichkeiten	Begrenzte Suche nach Informationen
Informations-verarbeitung	Beschaffung von Informationen aus verschiedenen Quellen, Prüfung von Informationen, Abwägung von einander widersprechenden Informationen, oft: Gegenargumente	Passives Empfangen von Informationen, kaum Prüfung von Informationen, häufig: Ausprobieren
Einstellungsänderung durch Marketing-maßnahmen	Schwierig herbeizuführen, selten	Relativ leicht herbeizuführen, häufig, aber vorübergehend (keine langfristige Wirkung)
Kognitive Dissonanzen nach dem Kauf (sog. „Kaufkater")	Häufig	Selten

Markentreue	Ausgeprägte Markentreue (bei guten bisherigen Erfahrungen mit dem Produkt oder dem Anbieter)	Keine Markentreue im Sinne bewusster Bevorzugung, lediglich Wiederholungskäufe ohne Treue (nur aus reiner Gewohnheit = Routinekäufe) oder aber Impulskäufe (spontan, aus einer Laune heraus)
Einfluss des sozialen Umfelds	Einbeziehung der Meinungen und Erfahrungen anderer Personen bei der Kaufentscheidung	Andere Personen haben kaum Einfluss bei der Kaufentscheidung
Typische Produkte	Hochpreisige Neuanschaffungen zur langfristigen Nutzung (Eigentumswohnung, Neuwagen, Computer, Sofa), aber auch Genussmittel wie Zigaretten und Kaffee, zusätzlich: Zahnarzt, Friseur, Bildungsträger und andere Dienstleister	Waren des täglichen Bedarfs (Brötchen, Kopierpapier, Milch, Eier), aber auch Haushaltsartikel, zu denen man keinen besonderen Bezug hat (z.B. Besen oder Wischlappen)

(Darstellung von Engler 2007, in Anlehnung an Moser: Markt- und Werbepsychologie, 2002, S. 133)

2.2.2 Typologie des Kaufverhaltens

Je nach Art der Leistung, aber auch in Abhängigkeit von der Persönlichkeit des Konsumenten und seiner jeweiligen Lebenssituation, unterscheidet man zwischen

- intensiver,
- limitierter,
- impulsiver und
- habitualisierter Kaufentscheidung.

Intensives Kaufverhalten

Beim intensiven Kaufverhalten macht sich der Konsument lange und umfassend Gedanken über die verschiedenen Angebote am Markt. Die Kaufabsicht bildet sich oft erst im Entscheidungsprozess heraus.

Das gilt insbesondere für Kaufentscheidungen, die erstmalig oder sehr selten getroffen werden – vielleicht sogar nur ein einziges Mal im Leben.

Beispiele hierfür sind der Kauf eines Grundstücks, um darauf ein Haus zu bauen, oder der Kauf eines Neuwagens.

Intensive Kaufentscheidungen haben oft erhebliche Tragweite wegen der Langfristigkeit ihrer Wirkungen und wegen der finanziellen Ressourcen, die daran gebunden sind. Sie werden daher mit Bedacht getroffen, nicht aus einer plötzlichen Laune heraus. Sie unterliegen also einer starken kognitiven (= verstandesmäßigen) Beteiligung des Konsumenten. Es werden viele alternative Angebote betrachtet und anhand von Kriterien wie Funktionalität und Preis miteinander verglichen. Das Abwägen, bis eine Kaufentscheidung fällt, dauert häufig sehr lange – auch weil das Anspruchsniveau sich beim Kauf unbekannter Produkte erst allmählich entwickelt.

Der Anbieter muss seinem potenziellen Kunden sehr viele und gute Argumente liefern, um ihn zu überzeugen. Hat er ihn aber überzeugt, kann er mit einer hohen Markentreue rechnen. Intensives Kaufverhalten basiert auf hohem Involvement.

Limitiertes Kaufverhalten

Bei einigen Produkten verfügt der Konsument bereits über Kauferfahrungen, ohne dabei besondere Vorlieben (= Präferenzen) für eine bestimmte Marke entwickelt zu haben. Da er aber durch seine bisher gesammelten Erfahrungen schon eine Reihe von Kriterien kennt, die es bei dieser Produktart zu beachten gilt, hat er ein bestimmtes „Auswahlraster" im Kopf. Der Auswahlprozess kann beendet werden, sobald ein Produkt den Anforderungen des Konsumenten entspricht. Der kognitive Aufwand ist also begrenzt. Wir sprechen daher von limitierten Kaufentscheidungen.

Beispielsweise ist ein Konsument auf der Suche nach einem neuen Notebook. Er will das alte Gerät ersetzen, das bereits seit vier Jahren in Gebrauch ist. Nun weiß er durch die langjährige Nutzung des alten Notebooks, worauf er beim Kauf zu achten hat: Arbeitsspeicher, Festplattenkapazität, Internetzugang, Bildschirmgröße, Gewicht, … – Der Konsument kann die Suche beenden, sobald ein Gerät die Kriterien erfüllt.

Impulsives Kaufverhalten

Impulsive Kaufentscheidungen werden spontan getroffen, also mit geringer kognitiver Beteiligung – eher „aus dem Bauch heraus". Man sieht etwas und will es sofort haben, beispielsweise eine farbenfrohe Bluse oder eine schöne Jugendstil-Vase. Das Glücksgefühl, etwas Besonderes erworben zu haben, ist der eigentliche Antrieb beim Einkauf. Das Einkaufserlebnis ist meistens wichtiger als der Nutzen, der durch die gekauften Produkte entstehen kann.

Impulskäufe werden aber oft auch durch Preisaktionen (z.B. Jubiläums- oder Frühlingsrabatt) ausgelöst, weil das mit dem Kauf verbundene Risiko vom Konsumenten nur noch als sehr gering wahrgenommen wird, sodass die Hemmschwelle sinkt, für Produkte, die man nicht wirklich braucht, das schwer verdiente Geld auszugeben. Der Kunde hat dann das Gefühl, beim Einkauf etwas zu „sparen", da das Preis-Leistungs-Verhältnis durch den Rabatt optimiert ist. Der Konsument achtet beim impulsiven Kaufverhalten allerdings eher auf Produktdesign, Dekoration und Preise als auf bestimmte Marken; er zeigt demzufolge keine Markentreue. Das ist auch klar: Auf spontanen Entscheidungen und Handlungen kann natürlich keine Bindung aufgebaut werden. Impulsives Kaufverhalten basiert auf geringem Involvement.

Habitualisiertes Kaufverhalten

Nun haben aber nicht alle Menschen gleichermaßen Spaß am Einkaufen. Für viele Menschen ist es eher anstrengend, shoppen zu gehen und sich von der hektischen Einkaufsatmosphäre und den zahlreichen Eindrücken inspirieren zu lassen. Sie bevorzugen den Einkauf mit klarer Orientierung (Butter: Landliebe; Teewurst: Rügenwalder; Naschzeug: Nimm zwei und Kinder-Überraschung für die Kinder, Mon Chéri für die Eltern). Diese immer gleichen, routinierten Wiederholungskäufe bezeichnet man im Marketing als habitualisiertes (= gewohnheitsmäßiges) Kaufverhalten.

Dabei kann man allerdings nicht von wirklicher Markentreue ausgehen, weil der Kaufentscheidung keine besondere emotionale Bindung an die gewählte Marke zugrunde liegt, sondern einfach nur die Macht der Gewohnheit. Der Konsument vermeidet eher aus Bequemlichkeit als aus Markentreue das Ausprobieren anderer Produkte.

Auch wenn man hier als Anbieter schon eine gewisse Kundenbindung aufbauen kann, basiert das habitualisierte Kaufverhalten doch überwiegend auf geringem Involvement.

2.2.3 Modelle zur Erklärung des Kaufverhaltens

Die Wirtschaftswissenschaften nehmen zahlreiche Anregungen aus benachbarten Wissenschaftsdisziplinen auf, beispielsweise aus den Geistes- und Sozialwissenschaften, und hier vor allem aus der Psychologie und der Soziologie. Marketing ist als Teilbereich der Betriebswirtschaftslehre davon natürlich nicht ausgenommen.

Die maßgeblichen Erklärungsansätze zur Beschreibung des Kaufverhaltens beispielsweise basieren u.a. auf folgenden Theorien:
- Risikomodell von Cunningham
- Diffusionsmodell von Rogers
- Bedürfnispyramide von Maslow
- SOR-Modell von Howard & Sheth
- Buying-Center-Modell von Webster & Wind

Wir stellen diese fünf Modelle in einem kurzen Überblick vor.

Risikomodell von Cunningham
Der Mensch nimmt als Konsument suboptimale Lösungen in Kauf, weil er das Risiko scheut, mit einer Fehlinvestition kompletten Misserfolg zu haben. Das könnte bei einer vollkommen unbekannten Marke oder einem völlig neuen technischen Produkt durchaus der Fall sein. Dieses Modell bildet die Grundlage des Abschnitts „Kaufverhalten" (s. S. 20 ff.).

Diffusionsmodell von Rogers
Innovationen (beispielsweise Digitalfernsehen oder probiotischer Joghurt) werden nicht sofort bei der Produkteinführung von allen Menschen akzeptiert und gekauft. Sie müssen sich erst allmählich durchsetzen. Dieser Prozess der Verbreitung einer neuen Lösung (eines neuen Produkts oder einer Technologie) in der Gesellschaft wird als Diffusion bezeichnet.

Dabei werden anhand ihrer Bereitschaft, das neue Produkt anzunehmen, folgende Kategorien unterschieden:

- Innovatoren (auch: Pioniere),
- Frühadopter (auch: frühe Übernehmer),
- frühe Mehrheit,
- späte Mehrheit und
- Nachzügler.

Im Marketing ist das Diffusionsmodell natürlich vor allem bei Produktneueinführungen wichtig. Hier geht es darum, zunächst die Innovatoren und Frühadopter als Kunden und Multiplikatoren für das neue Produkt zu gewinnen, sodass eine weitere erfolgreiche Verbreitung des Produkts in der Zielgruppe möglich wird.

In Anlehnung an die Gauß'sche Normalverteilung geht man von folgenden Anteilen an der Gesamtzielgruppe aus:

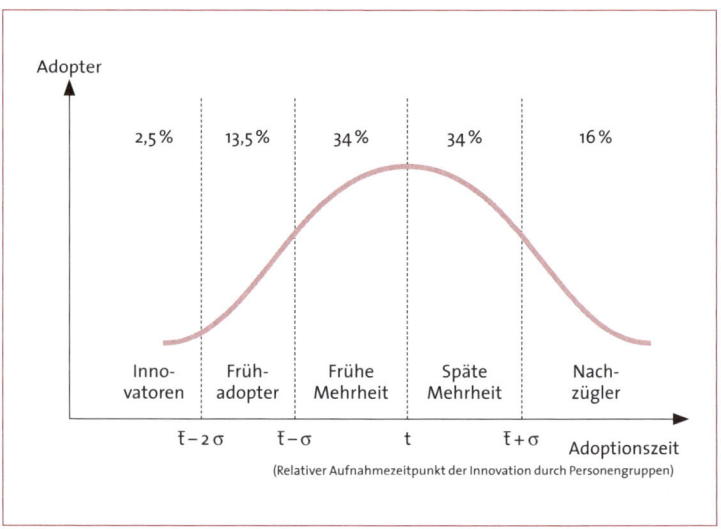

Abb. 2.2:   Diffusionsprozess (Darstellung nach Bruhn: Marketing, 2008, S. 144)

> *Je schneller ein Produkt von den Innovatoren (Pionieren) und Frühadoptern angenommen wird, desto kürzer ist der Zeitraum, der für die weitgehende Verbreitung in der Gesamtzielgruppe benötigt wird.*

Bedürfnispyramide von Maslow

Ein Bedürfnis ist das Empfinden eines Mangels, verbunden mit dem Bestreben, diesen Mangel zu beseitigen. Nun haben Menschen nicht nur ein Bedürfnis, sondern mehrere (und unterschiedlich wichtige) Bedürfnisse – und häufig stehen nur begrenzte finanzielle und zeitliche Ressourcen zur Verfügung, um diese Bedürfnisse zu befriedigen. Man muss also entscheiden, welche Bedürfnisse zuerst befriedigt werden und welche vielleicht gar nicht befriedigt werden können. Der Mensch als Konsument muss Prioritäten setzen.

Maslow geht bei seinem Modell davon aus, *„dass ein höheres, übergeordnetes Motiv erst dann verhaltenswirksam wird, wenn das jeweils untergeordnete Motiv befriedigt ist"* (zitiert nach Berndt: Marketing, Bd. 1, 1996, S. 60). Die Bedürfnispyramide wird deshalb auch häufig als „Bedürfnishierarchie" bezeichnet.

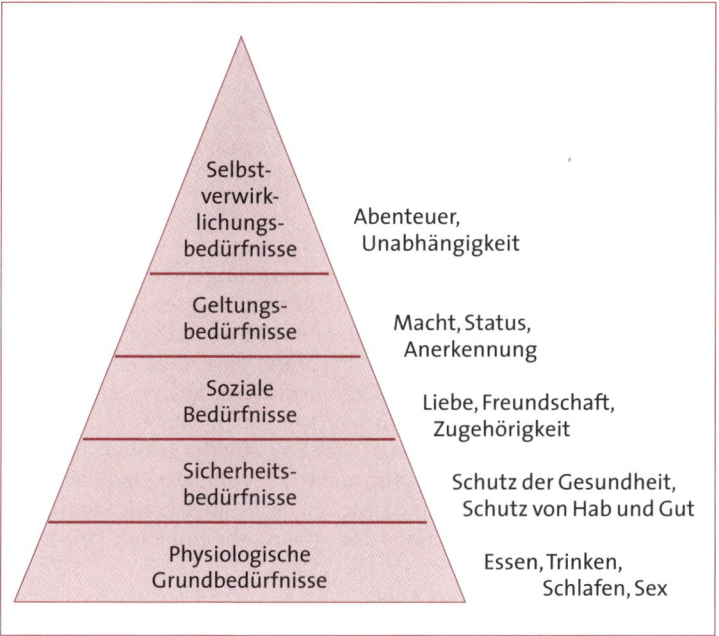

Abb. 2.3: *Bedürfnispyramide nach Maslow (in Anlehnung an Berndt: Marketing, Bd. 1, 1996, S. 61 ff.)*

Für das Marketing hat Maslows Bedürfnispyramide vor allem dann Bedeutung, wenn es um die Entwicklung von Angeboten geht, die auf die Befriedigung spezieller Bedürfnisse zielen.
Nachfolgend einige Beispiele:

Beispiele für Bedürfnisse auf den einzelnen Stufen		
Bedürfnisstufe	*Konkretes Bedürfnis*	*Spezielles Angebot*
Selbstverwirklichungsbedürfnisse	*Weiterentwicklung körperlicher und geistiger Fähigkeiten*	*Sprachkurs, Seminar zum Stressabbau, „Aussteiger-Programm: Leben im Kibbuz"*
Geltungsbedürfnisse	*Anerkennung, Status*	*Hochwertige (und hochpreisige) Uhren oder Schmuckstücke, mit denen man sich als erfolgreich darstellen kann*
Soziale Bedürfnisse	*Gruppenzugehörigkeit, Sozialkontakte*	*Disco, Kneipe, Chatroom im Internet, Bowling-Center*
Sicherheitsbedürfnisse	*Schutz von Hab und Gut*	*Haftpflicht- und Hausratversicherung, Finanzberatung*
Physiologische Grundbedürfnisse	*Essen und Trinken*	*Nahrungsmittel/Brot, Erfrischungsgetränke*

SOR-Modell von Howard & Sheth

Bis in die 1960er-Jahre hinein wurde im Marketing mit dem Black-Box-Modell versucht, das Konsumentenverhalten wenigstens oberflächlich zu erklären. Man gibt einen Reiz (z.B. einen Werbespot) an einen Organismus (z.B. einen Menschen) und bekommt eine messbare Reaktion (z.B. eine Kaufhandlung). Was im Organismus passiert, wie er die Informationen wahrnimmt und warum er so handelt, wie er es tut, blieb unberücksichtigt. Dafür stand die Black Box, also der schwarze Kasten, von dem man nicht wusste, was da nun so alles drin war. Das Black-Box-Modell wird deshalb auch als SR-Modell bezeichnet (S für Stimulus = Reiz; R für Response = Reaktion) und ist ein sehr einfaches Reiz-Reaktions-Schema.

Auch das SOR-Modell (vgl. Abbildung 2.4) ist ein Reiz-Reaktions-Schema, gegenüber dem Black-Box-Modell jedoch erweitert um Annahmen zur Wahrnehmung (Informationsaufnahme) und zum Lernen (Informationsverarbeitung).

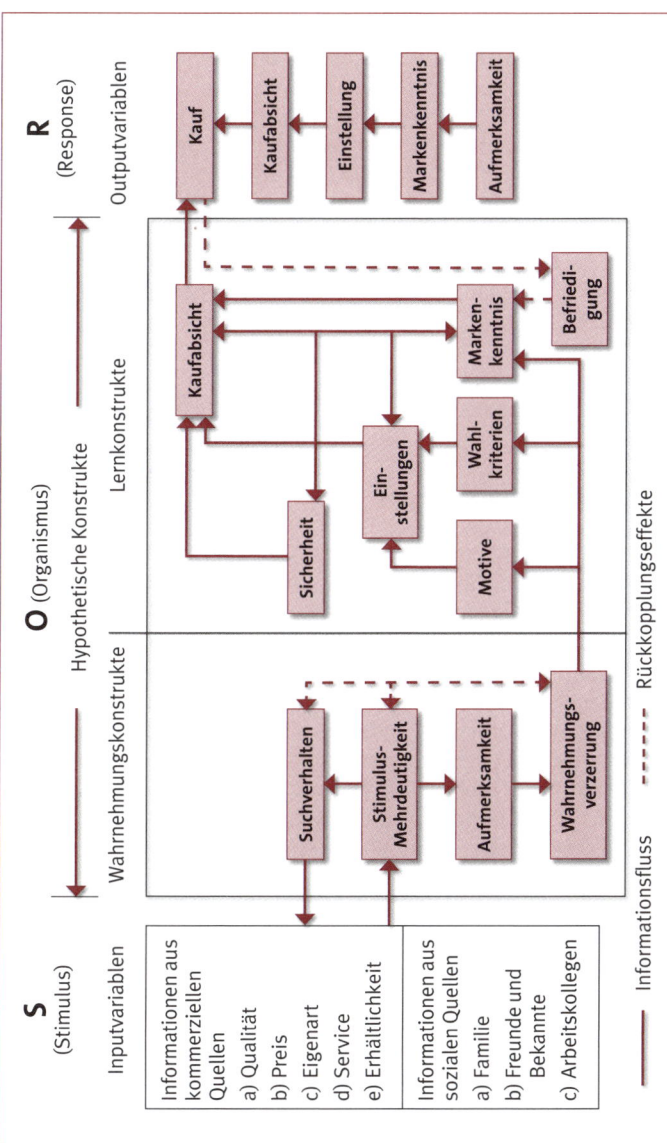

Abb. 2.4: SOR-Modell nach Howard & Sheth (dargestellt nach Nieschlag/Dichtl/Hörschgen: Marketing, 2002, S. 198)

SOR steht dabei für „Stimulus – Organismus – Response". Hier will man wissen, was im Konsumenten vorgeht, wie er bestimmte Reize aufnimmt, wie er die Informationen verarbeitet und was ihn zu bestimmten Handlungen bewegt. Dieses Modell gibt auch nicht allumfassend Aufschluss darüber, wie Konsumenten „funktionieren" – die Menschen werden dadurch noch immer nicht berechen- und steuerbar.

Aber man kann aufgrund der Erkenntnisse aus der Psychologie (und hier vor allem aus dem Behaviorismus) schon recht genau planen, was zu tun und zu lassen ist, damit der potenzielle Konsument zum treuen Kunden wird. Der „Organismus Konsument" ist nicht mehr einfach nur ein schwarzer Kasten.

Das SOR-Modell unterscheidet vier Phasen:
- Input (Stimulus = Reiz),
- Wahrnehmung,
- Lernen und
- Output (Response = Reaktion).

Input (Stimulus):
Der Konsument wird mit Informationen konfrontiert: durch TV-Spots, Anzeigen, Plakate, Berichte in Tageszeitungen und Artikel in Fachzeitschriften. Zusätzlich erhält er Erfahrungsberichte aus sozialen Quellen: von Freunden, Arbeitskollegen und Bekannten aus der Nachbarschaft.

Die an den Konsumenten herangetragenen oder von ihm beschafften Informationen können einander bestätigen oder widersprechen. Es kann auch sein, dass die Informationen nicht ganz klar verständlich sind, vielleicht sogar mehrdeutig (z.B. wenn Humor im Spiel ist). In jedem Fall muss eine Information die Aufmerksamkeit des Konsumenten erregen, damit sie weiterverarbeitet wird.

Wahrnehmung: Menschen reagieren auf die Reize, die auf sie einströmen, sehr unterschiedlich, die Wahrnehmung eines Menschen ist niemals objektiv. In einigen Fällen ist die Wahrnehmung nicht nur sehr subjektiv, sondern sogar verzerrt.

Von selektiver Wahrnehmung spricht man, wenn verstärkt die Reize wahrgenommen werden, die geeignet sind, ein gerade dringendes Bedürfnis zu befriedigen. Beispielsweise sieht man, wenn man hungrig durch die Straßen läuft, überall essende Menschen und riecht auch überall etwas Leckeres.

Von projektiver Wahrnehmung spricht man, wenn verstärkt die Reize wahrgenommen werden, die geeignet sind, eine bereits bestehende Meinung zu bestätigen. So wird man z.B. Äußerungen von Menschen, von denen man eine ablehnende oder missbilligende Haltung erwartet, auch eher als aggressiv oder schnippisch wahrnehmen.

Lernen: Wenn der Konsument eine Marke bereits kennt, kann er sie mit relativ hoher Sicherheit als zur Bedürfnisbefriedigung geeignet oder ungeeignet bewerten. Er hat gelernt, ob die Marke zu ihm passt oder eher nicht. Die Markenkenntnis führt so zu einer befürwortenden oder ablehnenden Einstellung gegenüber einem Produkt oder Anbieter. Bei positiver Einstellung zur Marke wird eine grundsätzliche Kaufabsicht entwickelt. Indem der Kunde relativ sicher weiß, was er bekommt, wird also der Kaufentscheidungsprozess abgekürzt.

Output (Response): Am Ende steht die vollzogene oder unterlassene Kaufhandlung. Hat der Konsument sich für das Produkt entschieden oder nicht? – Diese beobachtbare Reaktion als Ergebnis der Einflussnahme ist überprüfbar und messbar.

Buying-Center-Modell von Webster & Wind
Vor allem im Investitionsgütermarketing hat ein Anbieter es bei seinen Kunden oft nicht nur mit einem Ansprechpartner, sondern mit mehreren Funktionsträgern zu tun. Die Kaufentscheidung verteilt sich beim organisationalen Beschaffungsprozess auf mehrere Entscheidungsträger, die alle eine gewisse Rolle spielen. Im Wesentlichen lassen sich folgende Rollen unterscheiden:
- Gatekeeper (Vorselektierer, z.B. die Sekretärin), sammelt Informationen über verschiedene Angebote und bereitet die Entscheidung vor, z.B. mit Statistiken.
- Decider (Entscheider, z.B. Geschäftsführer), trifft die Entscheidung, was wirklich gekauft wird und von welchem Anbieter man es kauft.
- Buyer (Einkäufer, z.B. Mitarbeiter der Einkaufsabteilung), tätigt den tatsächlichen Kaufabschluss nach Verhandlungen über Preise, Rabatte, Mengen und Lieferbedingungen.
- User (Anwender, z.B. Arbeiter an der Maschine), gibt Anregungen zum Kauf und beurteilt nach dem Kauf die Qualität des Gekauften.
- Influencer (Beeinflusser, z.B. Unternehmensberater), formuliert Kriterien für die Auswahl und Beurteilung der Angebote.

Das Buying-Center-Modell spielt vor allem im B2B-Marketing (Business-to-Business mit Firmenkunden bzw. Betrieben als Zielgruppe) eine wichtige Rolle.

Abschließend wollen wir Sie noch kurz mit dem Stakeholder-Ansatz vertraut machen:

Der Stakeholder-Ansatz ist ein Ansatz zur Beschreibung von Zielgruppen, bei dem man als Anbieter neben Kunden und potenziellen Kunden (B2B und/oder B2C) u.a. auch Absatzmittler (Händler), Medienpartner (Journalisten), Lieferanten, Mitarbeiter (oder potenzielle Mitarbeiter), Anwohner, Kooperationspartner (z.B. Sponsoren, Künstler und Caterer im Event-Bereich) und Investoren berücksichtigt.

Stakeholder sind „Anspruchsgruppen", die von den Aktivitäten eines Unternehmens betroffen sind (oder sein könnten) und daher ihre Interessen gegenüber dem Unternehmen positiv oder negativ geltend machen können (z.B. können sie eine Veranstaltung verhindern oder unterstützen).

Da die einzelnen Zielgruppen unterschiedliche Ansprüche haben, werden für jede „Anspruchsgruppe" spezielle Maßnahmen geplant: Aktionäre wollen die Sicherheit und die Rendite einer Kapitalanlage einschätzen können – für sie gibt es den Geschäftsbericht und die Hauptversammlung; Mitarbeiter wollen als Menschen und als Leistungsträger Wertschätzung erfahren und die Sicherheit ihres Arbeitsplatzes einschätzen können – für sie gibt es Betriebsfeiern und eine Mitarbeiterzeitung; Journalisten wollen ihre Leser, Hörer oder Zuschauer aktuell informieren und unterhalten können – für sie gibt es Presseinformationen und Pressekonferenzen, ...

Aufgaben zur Selbstkontrolle

1. Beantworten Sie bitte durch Ankreuzen!

	rich-tig	falsch
Die Zielgruppenbeschreibung ist eine wichtige Voraussetzung für erfolgreiches Marketing. Wenn man nicht weiß, für wen man etwas entwickelt, kann man auch nicht auf seine Anforderungen eingehen.		
Die Sinus-Milieus beschreiben die „Lebenswelten" von Konsumenten. Das ist nützlich, weil man sich als Marketingmanager so in die Lebenssituation seiner Zielgruppe einfühlen kann.		
Man muss gar nicht so viel über Zielgruppen nachdenken. Wenn das Produkt preiswert und gut ist, dann wird es sich schon am Markt durchsetzen.		
High Involvement hat man immer bei teuren, Low Involvement immer bei billigen Produkten.		

2. Ordnen Sie bitte diese Zielgruppenmerkmale korrekt zu!

	soziodemo-grafisch	psycho-grafisch	verhaltens-beschreibend
Alter			
Mediennutzung			
Einkaufsstättenwahl			
Involvement			
Haushaltsnettoeinkommen			
Werte und Normen			
Geschlecht			
Markentreue			
Familienstand			
Wohnort			

3   Marktforschung

3.1   Marktforschung als Basis für unternehmerische Entscheidungen

Will ein Unternehmen langfristig erfolgreich sein und auch Krisenzeiten überstehen, muss es in der Lage sein, sich schnell an Veränderungen des Marktes anzupassen.

Die Verantwortlichen im Marketing benötigen für die damit zusammenhängenden Entscheidungen aktuelle, verlässliche und repräsentative Informationen. Die unternehmensinternen Daten reichen hierfür nicht aus, daher wird gezielt Marktforschung betrieben.

In größeren Unternehmen wird dafür ein eigener Funktionsbereich Marktforschung eingerichtet, der im Rahmen einer Stabsstelle wichtige Informationen für die Verantwortlichen liefert.

Begriffsdefinition: Marktforschung ist die systematische Sammlung, Aufbereitung, Analyse und Interpretation von Daten über Märkte und Marktbeeinflussungsmöglichkeiten zum Zwecke der Informationsgewinnung für Marketingentscheidungen.
(Quelle: Böhler: Marktforschung, 2004, S. 17)

Marktforschung ist also ein geplanter Prozess und unterscheidet sich deutlich von der Markterkundung, der zufälligen, gelegentlichen Information über das Marktgeschehen.

Die Marktforschung kann sich auf verschiedene Zeiträume beziehen. Im Rahmen der Marktanalyse wird der Markt zu einem bestimmten Zeitpunkt (ein- oder mehrmalig) untersucht.

Im Rahmen der Marktbeobachtung wird der Markt während eines längeren Zeitraums kontinuierlich untersucht, um Marktentwicklungen feststellen zu können.

Die Marktprognose macht Aussagen über die Zukunft. Sie ist das Ergebnis von Marktanalyse und -beobachtung.

3.2 Ablauf einer Marktforschungsmaßnahme

Schritt	Beispielaktivitäten
Aufgaben und Ziele der Maßnahme werden formuliert	• Die Verantwortlichen beschreiben ihr Problem (z.B. Umsatzrückgang), das Ziel (z.B. Ursachenfindung) und den Umfang der Marktforschungsaufgabe (z.B. Grobeinschätzung der Ursachen).
Planen und Vorbereiten der Maßnahme	• Die Marktforscher sichten zunächst verfügbare interne und externe Informationsquellen und werten diese aus (Sekundärforschung). • Reichen die vorhandenen Informationen nicht aus, wird eine gesonderte Informationsbeschaffung für die konkrete Aufgabenstellung geplant und vorbereitet (Primärforschung). • Es wird entschieden, wie die neuen Informationen beschafft werden sollen (Befragung, Beobachtung, Test, Panel); wie viele Personen/Haushalte oder Unternehmen untersucht werden (Stichprobenumfang) und nach welchem Verfahren diese ausgewählt werden. • Die Untersuchungsmaßnahme wird im Detail geplant und vorbereitet, z.B. werden Fragebögen entwickelt und an wenigen Probanden getestet. • Ein Zeit- und Kostenplan wird erstellt.
Durchführung	• Die Interviewer werden geschult; anschließend werden die Zielpersonen befragt bzw. beobachtet.
Analyse	• Die gewonnenen Daten werden statistisch aufbereitet und ausgewertet.
Berichterstattung	• Die Ergebnisse werden interpretiert, in Schaubildern dargestellt und den Verantwortlichen präsentiert. • Handlungsempfehlungen werden abgeleitet.

3.3   Inhalte der Marktforschung

Am häufigsten werden Zahlen und numerische Werte für Marketing-entscheidungen benötigt. Diese Zahlen liefert die quantitative Markt-forschung. Im Rahmen der Ökoskopie werden tatsächliche, objektive Sachverhalte wie Marktanteile, Preis- und Umsatzentwicklungen er-mittelt, im Rahmen der Demoskopie (Meinungsforschung) quantitativ-statistische Werte zu Meinungen und Einstellungen der Zielpersonen (z.B. der prozentuale Anteil der Wahlberechtigten, die am nächsten Sonntag die Piratenpartei wählen würden).

Die psychologische, qualitative Marktforschung fragt nicht nach Zah-len, sondern nach dem „Wie?" und dem „Warum?". Es werden tief gehen-de Meinungen, Motive und Eindrücke der Zielpersonen abgefragt und detailliert beschrieben. Tief liegende Motive (Beweggründe) sind häu-fig unbewusst oder lassen sich nur schwer in Worte kleiden. Da diese aber häufig von großem Interesse für das Marketing sind, verwendet die qualitative Marktforschung Methoden der Psychologie, um den-noch an diese Informationen zu gelangen.

3.4   Wahl der Erhebungsmethode

3.4.1   Sekundärforschung: Marktforschung vom Schreibtisch aus

Marktforscher beginnen meist mit dem Sichten und Auswerten von bereits verfügbaren Informationen (Sekundärdaten). Diese Informatio-nen wurden unabhängig vom aktuellen Informationsbedarf bereits erhoben bzw. veröffentlicht und stehen daher schnell zur Verfügung. In zweiter Linie (also sekundär) können diese Informationen auch für die jeweilige Fragestellung aus dem Marketing interessant sein.

Da die Marktforscher vom Schreibtisch aus forschen, wird die Sekun-därforschung auch „Schreibtischforschung" oder englisch „Desk Re-search" genannt. Den Forschern stehen sowohl innerbetrieblich (in-tern) als auch außerbetrieblich (extern) vielfältige Informationen zur Verfügung.

Beispiele für Informationsquellen der Sekundärforschung	
Interne Quellen	**Externe Quellen**
Umsatzstatistik, Kundendatenbank, Interessentendatenbank, Personalstatistik, Berichte von Außendienstmitarbeitern, Beschwerdestatistik usw.	amtliche Statistiken wie das Statistische Jahrbuch der Bundesrepublik Deutschland, Veröffentlichungen von Verbänden, Fachzeitschriften, Veröffentlichungen der Wettbewerber wie Preislisten, Kataloge usw.

Beurteilung der Sekundärforschung
Der Arbeitsaufwand für die Sekundärforschung ist vergleichsweise gering, die Informationsbeschaffung ist daher kostengünstig. Mit Sekundärforschung lässt sich ein Thema schnell überblicken und beim Heranziehen von Studien können unterschiedliche Forschungsansätze verglichen werden. Häufig können Daten auch nur durch Sekundärforschung ermittelt werden, wie z.B. Einwohnerzahlen, die das Statistische Landesamt liefert. Allerdings sind die Informationen häufig veraltet und/oder decken den Informationsbedarf nur teilweise ab.

3.4.2 Primärforschung: Informationen aus dem „Feld"

Wenn die verfügbaren Informationen keine oder nur unvollständige Antworten für das Marketing liefern, werden die benötigten Informationen gesondert erhoben. Neue Informationen können durch Befragung und Beobachtung gewonnen werden. Die Datengewinnung kann das Unternehmen selbst durchführen (Eigenforschung) oder sie kann einem Marktforschungsinstitut einen Auftrag erteilen (Fremdforschung).

Da hier ursprüngliche (primäre) Daten und Informationen „im Feld" erhoben werden, wird die Primärforschung auch „Feldforschung" oder englisch „Field Research" genannt.

> ### Beurteilung der Primärforschung
>
> *Die Primärforschung hat gegenüber der Sekundärforschung einige Vorteile: Die gewonnenen Daten sind genau auf den Informationsbedarf zugeschnitten, sie sind sehr detailliert und vor allem aktuell. Demgegenüber stehen die deutlich höheren Kosten und der beträchtliche Arbeits- und Personalaufwand.*

3.5   Erhebungsmethoden der Primärforschung

3.5.1   Die Befragung

Die Befragung ist die am häufigsten verwendete Erhebungsmethode der Primärforschung. Die Befragung setzt jedoch voraus, dass die Zielpersonen auskunftsbereit sind und ehrlich antworten.

Entgegen vieler Vermutungen ist die Bereitschaft in der Bevölkerung recht hoch, an einer Befragung teilzunehmen, diese hängt aber sehr stark vom Untersuchungsthema und der Befragungsart ab. Verschiedene Studien zeigen, dass jeder vierte Bundesbürger schon mindestens einmal an einer Befragung teilgenommen hat.

Eine repräsentative (aussagekräftige) Befragung von unternehmensfernen Personen, die eine bestimmte Zielgruppe repräsentieren, ist für das einzelne Unternehmen kostenintensiv. Daher bieten einige Marktforschungsinstitute sogenannte Omnibusbefragungen an. Interessierte Unternehmen können sich mit einem Fragenblock (einem Thema) an einer großen, repräsentativen Befragung beteiligen.

Omnibusbefragungen haben einen „Fahrplan". Sie starten zu festen Zeiten (z.B. repräsentative Telefonbefragung von 1.000 Personen in Berlin ab 18 Jahren, jeden Dienstag ab 16.00 Uhr). Die Einzelergebnisse der Befragung stehen den „Mitfahrern" ebenfalls zu einem festen Zeitpunkt (z.B. nach sechs Werktagen) zur Verfügung. Die Kosten der Omnibusbefragung werden auf die teilnehmenden Unternehmen verteilt.

Die Omnibusbefragung wird auch Mehrthemenbefragung genannt, da die Befragten zu mehreren Themen Antworten geben. Führt dagegen ein einzelnes Unternehmen (ein Auftraggeber) eine Befragung durch, ist dies eine Einthemenbefragung.

Befragungen werden nach weiteren Merkmalen kategorisiert. Einfach ist die Unterscheidung nach der befragten Zielgruppe. Es gibt zum

Beispiel Kunden-, Mitarbeiter-, Unternehmens- oder Expertenbefragungen.

Je nachdem, wie die Kommunikation zwischen dem Befragten und dem forschenden Unternehmen stattfindet, wird zwischen mündlicher und schriftlicher Befragung unterschieden. Diese beiden grundsätzlichen Befragungsarten werden im Folgenden näher erläutert.

Die mündliche Befragung

Die mündliche Befragung ist das klassische Interview, in dem ein Interviewer die Fragen stellt, gegebenenfalls die Antwortmöglichkeiten vorträgt und die Antworten des Befragten aufschreibt.

Beim persönlichen Interview (Face-to-Face) befinden sich der Befragte (Proband) und der Interviewer zur selben Zeit am selben Ort. Das persönliche Interview kann z.B. im Eingangsbereich einer Messehalle, im Marktforschungsinstitut oder nach Voranmeldung in der Wohnung des Befragten stattfinden.

Interviews können als Einzel- oder als Gruppeninterview durchgeführt werden.

Eine besondere Form des persönlichen Interviews ist die CAPI-Methode (Computer Assisted Personal Interviewing). Bei der CAPI-Methode wird ein elektronischer Fragebogen eingesetzt, der auf einem Computer gespeichert ist. Dadurch können z.B. Multimedia- oder Werbefilm-Sequenzen vorgeführt und in das Interview einbezogen werden.

Beim telefonischen Interview ruft der Interviewer den Befragten an. Das telefonische Interview wird heute meist in Form der CATI-Methode (Computer Assisted Telephone Interviewing) durchgeführt. Dabei liest der Interviewer die Fragen von einem PC-Display ab. Die Antworten des Befragten werden vom Interviewer direkt über die PC-Tastatur in das System eingegeben, wodurch die anschließende elektronische Aufbereitung besonders schnell geht.

Beurteilung der mündlichen Befragung

Wegen des hohen Organisations- und Personalaufwandes sind die Kosten pro Interview relativ hoch. Dabei ist die telefonische Befragung günstiger als die persönliche Befragung, da in einem vorgegebenen Zeitrahmen mehr Interviews durchgeführt werden können.

Trotz der höheren Kosten sind persönliche Interviews manchmal unumgänglich, wenn Bildvorlagen, Filme, Listen oder Produkte zu einem bestimmten Zeitpunkt des Interviews gezeigt werden sollen.

Auch längere, komplexe Befragungen sollten persönlich erfolgen. Der Interviewer kann mit Bildern, Produktproben usw. Abwechslung und Spannung in die Befragung bringen und den Befragten gegebenenfalls motivieren. Ein Telefoninterview bietet diese Möglichkeiten nicht und sollte daher möglichst kurz sein (max. 30 Minuten). Anderenfalls steigt die Gefahr, dass der Teilnehmer das Interview vorzeitig abbricht (die hohe Abbruchquote bei telefonischen Befragungen ist ohnehin ein typisches Problem).

Das telefonische Interview ist daher besonders gut geeignet, wenn das Interview kurz ist und die gestellten Fragen einfach und knapp sind. Blitzumfragen mit schnellen Ergebnissen lassen sich telefonisch besonders gut realisieren.

Ein Problem des mündlichen Interviews ist der mögliche bewusste oder unbewusste Einfluss des Interviewers (Interviewer-Bias) auf die Antworten des Befragten. Dieser lässt sich beim telefonischen Interview auf die Stimme reduzieren. Die Kontrolle der Telefoninterviewer ist zudem einfacher: Stichprobenartig werden Interviews – die Einwilligung des Befragten vorausgesetzt – mitgeschnitten.

Einsatzgebiete der mündlichen Befragung
Quantitative Befragungen: Die Interviewer erhalten von den Marktforschern vollständig entwickelte Fragebögen und genaue Vorgaben, wie die Interviews durchzuführen sind. Sie werden angewiesen, sich während der Interviews neutral zu verhalten und sich an den exakten Wortlaut und die vorgegebene Reihenfolge der Fragen zu halten. Von den Interviewern werden vor allem Zuverlässigkeit und gute Deutschkenntnisse erwartet. Diese Form der Interviews nennt der Marktforscher standardisiert. Die Ergebnisse sind bei einer großen Anzahl von Befragten objektiv und lassen sich gut in Zahlen ausdrücken (quantifizieren). Die Ergebnisse standardisierter quantitativer Interviews sind ideal, um Daten über die Zeit zu vergleichen und daraus Entwicklungen abzuleiten. Sie werden zum Beispiel zur Erfassung der Mediennutzung, zur Beurteilung von Produkten oder im Rahmen von Kundenzufriedenheitsanalysen eingesetzt.

Qualitative Befragungen: Wenn es darum geht, unbewusste, schwer in Worte fassbare oder mit Tabus behaftete Sachverhalte zu erhellen, werden nicht standardisierte (qualitative) Befragungen durchgeführt. Qualitative Befragungen können dem Marketing beispielsweise Hinweise zum Image einer Marke, zu Kaufmotiven oder zu Erwartungen der Zielgruppe geben. Das freie Interview und die Gruppendiskussion (Fokusgruppe) eignen sich hierfür besonders gut. Die Ergebnisse der qualitativen Befragung sind nicht repräsentativ, können aber eine Vorstufe für eine quantitative Befragung sein.

Beim freien, offenen Interview (Tiefenexploration) führt ein Psychologe mit der Zielperson in gemütlicher Atmosphäre ein offenes Gespräch. Ein grober Leitfaden gibt das Thema vor, auf einengende Vorgaben wird bewusst verzichtet. Der Interviewer geht während des Gesprächs sehr flexibel auf den Befragten ein. Er gibt sich nicht mit oberflächlichen Antworten zufrieden, sondern setzt geschickt Gesprächstechniken der Psychologie ein, um so die wirklichen Beweggründe und Einstellungen der Zielperson zu erfahren.

Bei der Gruppendiskussion werden 6–12 Personen (Fokusgruppe) zu einer Diskussion eingeladen. Die Gruppe ist nach bestimmten Kriterien zusammengesetzt – entweder haben die Personen gemeinsame Interessen oder besitzen andere für den Untersuchungsgegenstand relevante gemeinsame Merkmale. Ein Moderator lenkt das Gespräch immer wieder geschickt auf das Thema und ermuntert zur Teilnahme am Gespräch. Die Diskussion wird aufgezeichnet und in der Regel zusätzlich durch einen Einwegspiegel beobachtet. Aus den Äußerungen und der kollektiven Meinungsbildung werden wichtige Hinweise für das Marketing gewonnen. Gruppendiskussionen werden häufig bei Werbepretests und zur Überprüfung von Produktkonzepten eingesetzt.

Die schriftliche Befragung
Bei der schriftlichen Befragung werden Fragebögen entweder verschickt, an die Zielpersonen verteilt oder im Unternehmen frei zugänglich ausgelegt. Die Zielpersonen füllen den Fragebogen selbstständig aus und geben diesen ab bzw. schicken ihn zurück.

Meist wird ein ausgedruckter Fragebogen aus Papier eingesetzt der auf herkömmliche Weise mit einem Schreibstift ausgefüllt wird (Paper

& Pencil). In den letzten Jahren haben Online-Befragungen mit digitalen Fragebögen stark zugenommen. Dabei hinterlegen Unternehmen auf der eigenen Internetseite einen elektronischen Fragebogen, der von den Besuchern aufgerufen werden kann, oder sie schicken den Fragebogen per E-Mail als Textdokument oder als ausführbare Fragebogendatei.

Beurteilung der schriftlichen Befragung
In schriftlicher Form lassen sich sehr viele Personen über große räumliche Distanzen hinweg leicht und kostengünstig befragen. Dabei können auch Personen, die telefonisch oder persönlich schlecht zu erreichen sind, in die Befragung einbezogen werden. Befragungen mit papiergebundenem Fragebogen sind dabei kostenintensiver (Druck- und Portokosten, zeitaufwendige Auswertung) als Online-Befragungen. Der Befragte kann den Fragebogen ausfüllen, wann er Zeit hat. Er kann sich bei der Beantwortung Zeit lassen und seine Antworten durchdenken. Eine unerwünschte Beeinflussung durch den Interviewer findet nicht statt. Auf der anderen Seite hat der Befragte keine Möglichkeit, Unsicherheiten über die Bedeutung einer Frage mit einem Interviewer zu klären. Auch gibt es keine Kontrolle darüber, ob die zu befragende Person den Bogen selbst ausfüllt oder eine dritte Person den Befragten in seinen Antworten beeinflusst. Ein weiteres Problem bei der schriftlichen Befragung ist die erforderliche Rücksendung der Fragebögen; eine niedrige Rücklaufquote kann die Repräsentanz einer Befragung stark beeinträchtigen.

Die Online-Befragung bietet mehr Gestaltungs- und Darstellungsmöglichkeiten als die papiergebundene Befragung, sogar kurze Filme können in die Befragung eingebunden werden. Die Auswertung einer Online-Befragung ist sehr einfach und Übertragungsfehler vom Papier in das System sind ausgeschlossen. Allerdings können nur Personen, die über einen Internetanschluss verfügen, online befragt werden.

Einsatzgebiete
Die schriftliche, standardisierte Befragung ist besonders sinnvoll, wenn objektive Daten gewonnen werden sollen. Die Ergebnisse lassen sich in Zahlen ausdrücken (quantifizieren / „Nasen zählen") und gut über die Zeit vergleichen. Schriftliche Befragungen werden zum Beispiel bei Kundenzufriedenheitsanalysen und Produkttests eingesetzt.

Die Gestaltung des Fragebogens

Ein Fragebogen sollte mit Sorgfalt gestaltet werden. Auswahl, Form, Wortlaut und Reihenfolge der Fragen haben einen großen Einfluss auf das Ergebnis der Befragung. Folgend ein paar generelle Hinweise:

Optische Gestaltung

Vor allem bei einer schriftlichen Befragung muss sich der Fragebogen an den Gestaltungsvorgaben des Corporate Designs des Unternehmens orientieren. Er soll den Befragten optisch ansprechen und ihn motivieren, an der Befragung teilzunehmen. Eine übersichtliche und klare Gliederung unterstützt dieses Ziel, ebenso ein möglichst kurz gehaltener Fragebogen.

Formulierung der Fragen

Fragen sollten

- kurz und einfach sein (keine Fachausdrücke und Fremdwörter),
- konkrete Sachverhalte detailliert abfragen,
- nur einen Sachverhalt pro Frage abfragen,
- alle Antwortmöglichkeiten ausgewogen enthalten (positive und negative Antwortmöglichkeiten sollten sich die Waage halten),
- nicht suggestiv wirken. Dem Befragten darf die Antwort nicht nahegelegt werden. Die meisten Suggestivfragen lassen sich mit Ja oder Nein beantworten.
  Beispiel für eine Suggestivfrage:
  Sind Sie auch der Meinung, dass Hunde an die Leine gehören?

Fragetypen

Fragen lassen sich nach verschiedenen Merkmalen einteilen. Wichtige Einteilungsmöglichkeiten sind die nach der Antwortmöglichkeit des Befragten und nach der Aufgabe, die die Frage erfüllen soll.

Fragen mit unterschiedlichen Antwortmöglichkeiten

Fragen können offen, geschlossen oder halb offen gestellt werden.

Offene Fragen: Der Befragte ist in seiner Antwort völlig frei und kann sie selbst formulieren. Auf diese Weise lassen sich auch bisher unbekannte Sachverhalte erfassen.

Bei mündlichen Interviews wird die Antwort wortgetreu aufgeschrieben, bei schriftlichen Befragungen werden Leerzeilen für die Beantwortung gelassen. Offene Fragen werden vor allem in der qualitativen Befragung eingesetzt. Aber auch bei quantitativen Befragungen ist es sinnvoll, den Befragten am Ende der Befragung durch eine offene Frage Raum für Hinweise und Kritik zu geben.

In der Normalform wird die offene Frage als ganzer Satz gestellt.

Beispiel

Was machen Sie in Ihrer Freizeit am liebsten?

_____

Wie alt sind Sie? _____

Die Auswertung der Antworten ist schwierig, in quantitativen Befragungen werden die Antworten in Kategorien zusammengefasst.

Im Rahmen qualitativer Befragungen werden häufig Spezialformen der offenen Frage eingesetzt, z.B. der Satzergänzungstest oder der Picture-Frustrationstest (Ballontest).

Beim Satzergänzungs-Test werden dem Befragten Satzanfänge vorgelegt, die er spontan ergänzen soll.

Beispiel

„Männer, die eine Brille tragen _____ "

„Personen, die American Spirit rauchen _____ "

Beim Picture-Frustrationstest werden zwei handelnde Personen in einer Art Comic-Strip bildlich dargestellt. Eine der Personen macht eine Äußerung, die die zweite Person verärgern könnte. Der Proband soll sich die Antwort der zweiten Person ausdenken. Zu diesem Zweck erhält die zweite Person eine Sprechblase, in die die Antwort eingetragen werden kann.

Geschlossene Fragen: Zur Beantwortung der Frage werden verschiedene Antwortmöglichkeiten vorgegeben. Der Befragte wählt die für ihn passende Antwort aus. Die Fragen können vom Befragten einfach und schnell beantwortet werden. Die standardisierten Antworten lassen sich auch bei großen Datenmengen leicht auswerten und gut quantifizieren.

Beispiele zu geschlossenen Fragen	
Frageform	*Beispiel*
Alternativfrage *Der Befragte kann mit Ja oder Nein antworten. Manchmal wird zusätzlich die neutrale Antwortmöglichkeit „weiß nicht" zur Verfügung gestellt.*	*Ist dies eine geschlossene Frage?* ☐ *ja* ☐ *nein* ☐ *weiß nicht*

Frage mit Mehrfachauswahl (Multiple-Choice-Fragen) Der Befragte hat die Auswahl zwischen mehreren Antwortmöglichkeiten. Dabei kann er eine oder mehrere der vorgegebenen Antworten auswählen. Die erlaubten Antworten können auch nach oben oder nach unten begrenzt werden.	Vorteile der geschlossenen Fragen sind ☐ schnelle Beantwortung ☐ der Befragte kann sich selbst entfalten ☐ einfache Auswertung
Skalafrage Auf einer vorgegebenen Skala soll der Befragte eine passende Ausprägung auswählen. Sie misst also nicht nur einen Sachverhalt, sondern auch dessen Intensität.	„Ich kaufe Schuhe lieber im Fachgeschäft als im Internet". ☐ trifft voll und ganz zu ☐ trifft eher zu ☐ trifft teilweise zu ☐ trifft weniger zu ☐ trifft überhaupt nicht zu

Halb offene Fragen (Hybridfragen)

Eine halb offene Frage kombiniert eine offene und geschlossene Frage; der Befragte kann zusätzlich zu den vorgegebenen Antwortmöglichkeiten eine eigene Antwort hinzufügen.

Beispiel

Was ist Ihr Lieblings-TV-Sender?

☐ ARD	☐ MDR	☐ PRO7	☐ VOX
☐ ZDF	☐ RBB	☐ BR	☐ RTL 2
☐ RTL	☐ NDR	☐ KABEL 1	☐ ARTE
☐ SAT.1	☐ WDR	☐ PHOENIX	☐ Sport 1

☐ Anderer, und zwar _____

Fragen erfüllen verschiedene Aufgaben

Kontakt- und Eisbrecherfragen sind Fragen, die den Kontakt zwischen Befragtem und Interviewer herstellen. Sie sollen das „Eis brechen", Interesse wecken und die Auskunftsbereitschaft des Befragten erhöhen. Meist sind die Antworten für die Untersuchung nicht von Interesse („Wegwerf-Frage"). Sie werden zu Beginn der Befragung gestellt.

Beispiel

Jetzt im Dezember gibt es wieder viele Weihnachtsmärkte.
Waren Sie in diesem Jahr schon auf einem Weihnachtsmarkt?
☐ *ja*   ☐ *nein*

Sachfragen (Ergebnisfragen) sind die eigentlichen Fragen zum Untersuchungsthema. Sie kommen am häufigsten im Fragebogen vor. Sachfragen können entweder direkt oder indirekt gestellt werden.

Direkte Fragen sind ohne Hintergrund so gemeint, wie sie gestellt sind (vor allem bei Wissensfragen, Fragen nach konkreten Sachverhalten).

Beispiel

Planen Sie für das nächste Jahr eine Urlaubsreise?
☐ *ja*   ☐ *nein*   ☐ *weiß nicht*

Indirekte Fragen sind oft in eine kleine Geschichte eingebettet und sprechen den Befragten nicht direkt an. Vom Befragten wird eine Aussage über andere erwartet (Projektion) und nicht über sich selbst. Bei tabuisierten oder durch Status- oder Prestigedenken beeinflussten Themen besteht ansonsten die Gefahr, dass der Befragte nicht ehrlich antwortet. Manche Sachverhalte sind den Befragten auch nicht bewusst oder er kann sie nur schwer in Worte kleiden.

Beispiel

In deutschen Privathaushalten arbeiten sehr viele Reinigungskräfte
„schwarz". Was meinen Sie, woran das liegen könnte?

Filterfragen sind Gabelungsfragen, die an eine andere Stelle im Fragebogen verweisen. Sie schließen Auskunftspersonen, die eine bestimmte Voraussetzung nicht erfüllen, von den nachfolgenden Fragen aus.

> ***Beispiel***
>
> *Haben Sie Kinder?*
> ☐ *ja* ☐ *nein* → *weiter mit Frage 6*

Motivationsfragen sollen das Selbstbewusstsein des Befragten stärken und ihn zum Antworten motivieren.

> ***Beispiel***
>
> *Als erfahrene Mutter wissen Sie ja genau, auf was es bei Kinderbekleidung ankommt. Was zeichnet Ihrer Meinung nach gute Kinderbekleidung aus?*

Kontrollfragen überprüfen, ob die bisher gestellten Fragen ehrlich beantwortet wurden.

> ***Beispiel***
>
> *Frage 1: Wie bewerten Sie Ihre Krankenkasse?*
> *Vergeben Sie eine Schulnote von 1 = sehr gut bis 6 = ungenügend*
> *Note _____*
>
> *Frage 14: Wie zufrieden sind Sie insgesamt mit Ihrer Krankenkasse?*
> ☐ *unzufrieden* ☐ *weniger zufrieden* ☐ *zufrieden* ☐ *sehr zufrieden*
> ☐ *vollkommen zufrieden*

Fragen zur Person: Mit statistischen Fragen zur Soziodemografie wie Alter, Geschlecht, Einkommen, Haushaltsgröße wird die Befragung abgeschlossen. Am Ende der Befragung sind die Befragten in der Regel auskunftsfreudiger.

Wie alt sind Sie?
☐ *unter 18*   ☐ *18–29*   ☐ *30–45*   ☐ *46–60*   ☐ *61 und älter*

3.5.2 Die Beobachtung

Die zweite – nicht so häufig eingesetzte – Erhebungsart der Primärforschung ist die Beobachtung. Bei der Beobachtung werden Verhaltensweisen von Personen oder objektbezogene Sachverhalte systematisch erfasst und ausgewertet. Entweder gebraucht man zur Beobachtung die menschlichen Sinne oder man setzt spezielle Messgeräte (z.B. Videokamera, Blickaufzeichnungsbrille) ein.

Varianten der Beobachtung
Es gibt viele Varianten der Beobachtung. In der Literatur werden unter anderen folgende Unterscheidungskriterien genannt (z.B. Pepels: Kommunikations-Management, 2001, S. 213):
● Bedingungen, unter denen die Beobachtung stattfindet
● Teilnahme oder Nichtteilnahme des Beobachters
● Transparenz der Untersuchungssituation

Bedingungen, unter denen die Beobachtung stattfindet

Natürliche Bedingungen (Feldbeobachtung)
Die Beobachtung findet in der natürlichen, „echten" Umgebung statt (z.B. auf der Straße, im Geschäft).

Quasinatürliche Bedingungen
Die Beobachtung findet im Labor statt, der Beobachtete bekommt eine ablenkende Aufgabe gestellt, ein anderer Sachverhalt wird beobachtet (z.B. wird die Zielperson gebeten, sich die Zähne zu putzen und Auskunft über den Geschmack der neuen Zahnpasta zu geben, es wird aber eigentlich beobachtet, wie die Zielperson mit dem neuen Verschluss der Tube zurechtkommt).

Laborbedingungen (Laborbeobachtung)
Die Beobachtung findet unter künstlich geschaffenen Bedingungen statt. Störende Einflüsse können weitgehend ausgeschaltet werden.

Teilnahme des Beobachters

Teilnehmende Beobachtung
Der Beobachter selbst übernimmt eine definierte Rolle und verhält sich den Versuchspersonen gegenüber dieser Rolle entsprechend (z.B. als Testkäufer).

Nichtteilnehmende Beobachtung
Die Beobachtung findet statt, ohne dass der Beobachter beteiligt ist.

Transparenz der Untersuchungssituation

Verdeckte Beobachtung
Die Versuchspersonen wissen nicht, dass sie beobachtet werden.

Offene Beobachtung
Die Versuchspersonen wissen, dass sie beobachtet werden, und erfahren evtl. auch den Zweck der Beobachtung.

Beispiele für Beobachtungen

- *Nichtteilnehmende, verdeckte Beobachtung unter natürlichen Bedingungen: Bei einer Kundenlaufstudie werden – vom Kunden unbemerkt – die Wege ermittelt, die er in einem Geschäft zurücklegt. Zudem wird beobachtet, wo und wie lange der Kunde stehen bleibt. Durch die Beobachtung der Kundenwege werden Erkenntnisse für die optimale Ladengestaltung gewonnen.*

- *Teilnehmende, verdeckte Beobachtung unter natürlichen Bedingungen: Testkäufer beobachten die Beratungsqualität und das Verhalten des Verkaufspersonals (Mystery Shopping). Bei einer teilnehmenden Beobachtung ist es jedoch möglich, dass der Beobachter unbewusst Einfluss auf den beobachteten Sachverhalt nimmt.*

- *Nichtteilnehmende, offene Beobachtung unter Laborbedingungen: Eine Bank beobachtet, ob die Bedienerführung der Geldautomaten von den Testpersonen verstanden wird. Allerdings muss damit gerechnet werden, dass sich die Testpersonen atypisch verhalten, wenn sie sich ihrer Situation bewusst sind.*

- *Nichtteilnehmende, offene Beobachtung unter Laborbedingungen: Die Schnellgreifbühne ist ein größerer Kasten, der eine Öffnung in Augenhöhe der Versuchsperson hat. Die Öffnung wird zunächst von einem Vorhang verdeckt. Hinter dem Vorhang befinden sich vergleichbare Varianten von Produkten oder dasselbe Produkt in unterschiedlichen Verpackungen. Der Vorhang wird kurz geöffnet und die Versuchsperson hat wenige Sekunden Zeit, spontan nach dem verlockendsten oder teuersten Produkt zu greifen. Mit der Schnellgreifbühne wird vor allem die Anmutungsqualität von Verpackungen oder das Preis-/Leistungs-Verhältnis von Produkten überprüft.*

Beurteilung der Beobachtung

Vorteile der Beobachtung
Die Beobachtung ist nicht auf die Auskunftsbereitschaft der beobachteten Person angewiesen. Bei einer verdeckten Beobachtung findet kein Einfluss auf das Verhalten durch die Erhebungssituation statt. Es können Sachverhalte ermittelt werden, die der Person selbst nicht bewusst sind. Die Daten sind unabhängig vom Ausdrucksvermögen der Testperson erfassbar. Bestimmte Sachverhalte lassen sich nur durch Beobachtung erfassen (z.B. Blickbewegungen). Bei apparativer Messung werden präzise Ergebnisse gewonnen.

Nachteile der Beobachtung
Bestimmte Sachverhalte sind nicht beobachtbar (z.B. Gründe, Ursachen, Meinungen und andere innere Vorgänge). Bei offener Beobachtung kann es zu unerwünschten Verhaltensänderungen kommen. Beobachtungen sind oft schwierig und teuer durchzuführen. Beobachtete Sachverhalte können falsch interpretiert werden.

3.5.3   Sonderformen der Primärforschung

Neben der Befragung und der Beobachtung werden Daten auch durch Tests und Panels erhoben. Tests und Panels sind keine eigenständigen Untersuchungsmethoden, sondern Sonderformen der Befragung und der Beobachtung. Diese werden im Folgenden erläutert.

Der Test

Der Test (Experiment) setzt sich aus einer Versuchsanordnung und einer Befragung und/oder einer Beobachtung zusammen. Der Test soll Aufschlüsse über den Zusammenhang zwischen einer unabhängigen Variablen (Ursache) und einer abhängigen Variablen (Wirkung) liefern. D.h., es wird überprüft, ob bestimmte Verhaltensweisen und/oder Einstellungen (z.B. Kauf eines Produkts) auf bestimmte vorher getroffene Maßnahmen (z.B. Durchführen einer Werbekampagne) zurückzuführen sind. Die Daten werden während oder nach dem Test durch Befragung oder Beobachtung erhoben.

Feldtests werden unter lebensechten Bedingungen durchgeführt (z.B. örtlich begrenzter, repräsentativer Testmarkt für ein neues Produkt).

Labortests finden dagegen unter künstlich geschaffenen Bedingungen in einem Forschungslabor statt (z.B. Werbewirkungstests).

Im Bereich des Marketings werden am häufigsten Werbemittel-, Produkt- und Markttests durchgeführt. Auf die Werbemitteltests wird gesondert im Kapitel 10: „Kontrolle" eingegangen.

Der Produkttest

Beim Produkttest probieren ausgewählte potenzielle Verwender das Produkt vor der Markteinführung aus. Anschließend werden sie zu ihren persönlichen Eindrücken befragt oder sie werden während der Verwendung des Produkts beobachtet. Durch Produkttests möchte das Unternehmen Hinweise auf Verbesserungsmöglichkeiten bekommen.

Arten von Produkttests

Unterscheidungs-merkmal	Test
Testumfang	Volltest: Alle Eigenschaften des Produkts werden gleichzeitig getestet. Teiltest: Einzelne Eigenschaften des Produkts werden getestet wie Verpackung, Handling, Geschmack, Duft etc.
Ort der Durchführung	Home-Use-Test: Das Produkt wird zugestellt und über einen längeren Zeitraum zu Hause oder im Unternehmen getestet. Labortest: Das Produkt wird unter kontrollierten Bedingungen in einem Forschungslabor getestet.
Form der Darbietung	Blindtest: Der Proband kann nicht erkennen, um welchen Hersteller / welche Marke es sich handelt. Identifizierter Test: Das Produkt wird in der vorgesehenen Verpackung getestet.

Der Markttest

Die Markteinführung eines neuen Produkts ist teuer. Das Risiko eines Flops ist groß; nur ca. 25 % der neu eingeführten Produkte können sich nach einem Jahr noch am Markt behaupten (Marktforschungsinstitut Information Resources). Um Unsicherheiten zu minimieren, verkaufen daher viele Unternehmen das neue Produkt zunächst probeweise auf einem räumlich begrenzten, repräsentativen Testmarkt. Die Ergebnisse des Probeverkaufs geben ihnen Hinweise auf die Absatzchancen auf dem Gesamtmarkt und die Wirksamkeit von einzelnen Marketingmaßnahmen.

Je nach Größe des Testmarktes wird unterschieden in

Größe des Testmarktes	Beschreibung
Storetest	Das Produkt wird probeweise in 20 bis 30 ausgewählten Einzelhandelsgeschäften angeboten. Die Storetests können schnell durchgeführt werden und sind relativ kostengünstig. Eine Verbindung zu einem Panel fehlt, daher sind nur beschränkte Aussagen möglich. Die Repräsentativität ist eingeschränkt.

| Minimarkttest | Das Produkt wird in einem kleinen Ort unter realen Bedingungen verkauft. Die Testmärkte sind mit Verbraucherpanels verbunden. Außer der Produktakzeptanz können Werbemittel wie Plakate, Zeitungsanzeigen und Fernsehspots auf ihre Wirksamkeit hin überprüft werden. |
| Regionaler Testmarkt | Das Produkt wird auf einem geografisch begrenzten Gebiet probeweise verkauft. Klassische Testmarktgebiete sind z.B. das Saarland, Hessen, Bremen, das Rhein-Main-Gebiet und der Großraum Stuttgart. |

Das Panel

Das Panelverfahren wurde in den 20er- und 30er-Jahren in den USA entwickelt. Beim Panel handelt es sich um Untersuchungen, die

- bei einem bestimmten, gleichbleibenden Kreis von Untersuchungseinheiten (z.B. Personen, Haushalte, Handelsgeschäfte, Unternehmen),
- über einen längeren Zeitraum,
- in periodischen Abständen oder laufend,
- zum gleichen Thema,
- mit der gleichen Untersuchungsmethode

durchgeführt werden.

Die Daten werden durch kontinuierliche Befragung und/oder Beobachtung erhoben, auch Tests sind innerhalb eines Panels möglich.

Aufgrund dieser Eigenschaften sind Panels ideale Instrumente, um Marktveränderungen zu messen. Die Panelforschung birgt jedoch einige Probleme, die im Folgenden kurz dargestellt sind.

Panelsterblichkeit: Panelteilnehmer scheiden aus, weil sie wegziehen, Konkurs anmelden, sterben oder nicht mehr bereit sind, teilzunehmen.

Panelbewusstsein: Durch die Teilnahme am Panel wird das Verhalten bewusst oder unbewusst verändert.

Overreporting: Panelteilnehmer geben aus Prestigegründen einen erhöhten Kauf von Produkten an.

Underreporting: Nachlassendes Interesse oder Vergesslichkeit führen zu unvollständigen Aussagen bzw. Eintragungen.

Panelerstarrung: Die Zusammensetzung des Panels verändert sich anders als die Zusammensetzung der Grundgesamtheit und ist dadurch nicht mehr repräsentativ (z.B. Überalterung des Panels).

Durch laufende Kontrolle und Betreuung des Panels kann man diese Probleme gut in den Griff bekommen. Panels werden aufgrund der oben genannten Probleme von Marktforschungsinstituten betreut.

Beispiel

Fernsehzuschauerpanel

Die GfK (Gesellschaft für Konsumforschung), eines der weltweit führenden Marktforschungsinstitute, ermittelt seit 1985 die Zuschauerquoten in Deutschland.

Aus Kostengründen ist es nicht möglich, alle Haushalte Deutschlands in die Untersuchung einzubeziehen. Darum wird kontinuierlich die Fernsehnutzung eines repräsentativen Panels von ca. 5.600 Haushalten mit ca. 13.000 Zuschauern erfasst.

Jeder Panelhaushalt steht stellvertretend für durchschnittlich 6.086 Haushalte.

Zur Erfassung der Fernsehnutzung wird ein elektronisches Instrument, das sogenannte GfK-Meter, an das Fernsehgerät angeschlossen. Alle Haushaltsmitglieder ab 3 Jahren (inkl. Gäste) müssen sich zum Fernsehen über eine Fernbedienung am GfK-Meter an- und abmelden. Das GfK-Meter erfasst automatisch sekundengenau, wann und was jeder Haushaltsteilnehmer sieht.

Die Daten werden in der GfK-Box gespeichert und jede Nacht per Modem von der GfK abgerufen.

Die ermittelten Daten sind die Grundlage zur Errechnung der Zuschauerquoten von über 73 Millionen TV-Zuschauern in ganz Deutschland.

Am nächsten Morgen liegen den Sendern, Agenturen und Werbetreibenden die Fernsehnutzungsdaten vor. Die Zuschauerquoten sind die Grundlage für die Werbepreise der Fernsehsender.

Behaviorscan-Testmarkt der GfK in Haßloch

In Haßloch, einer kleinen Stadt in der Pfalz, betreut die GfK ein repräsentatives Panel von 3.000 Testhaushalten, das mit einem Testmarkt verbunden ist. In Haßloch werden neue Produkte des täglichen Bedarfs auf ihre Marktchancen hin getestet.

Die Testprodukte stehen unauffällig neben allen anderen Produkten in den Regalen der mitmachenden Einzelhändler (alle Discounter, Drogeriemärkte, Verbrauchermärkte und Supermärkte außer ALDI).

Die Testhaushalte sind mit GfK-Identifikationskarten ausgestattet, die sie bei ihren Einkäufen vorlegen. Die Identifikationskarte wird zusammen mit den eingekauften Waren über einen Scanner gezogen, sodass eine Zuordnung des Einkaufs zur Testfamilie möglich ist.

Zusätzlich wurden alle Panelhaushalte mit speziellen Decodern an ihren Fernsehgeräten ausgestattet. Die Decoder ermöglichen es, bundesweit ausgestrahlte Werbespots mit eigens gedrehten Werbespots für die Testprodukte zu überblenden. Ein Teil der Panelhaushalte empfängt zur Kontrolle die normale Werbung. Ob die Werbung gesehen wurde, lässt sich mit der GfK-Box sekundengenau ermitteln. Außerdem erhalten alle Panelhaushalte kostenlos die „Hörzu", in die eine Werbeanzeige für das neue Produkt unauffällig einmontiert werden kann.

Aufgrund der gewonnenen Daten (Erstkaufrate, Wiederkaufrate, Werbekontakt) lassen sich recht zuverlässige Prognosen für die Marktchance der Produkte und für die Effekte von Werbemitteln für den Gesamtmarkt erstellen.

Ein Markttest in Haßloch ist mit Kosten von ca. 200.000 Euro zwar relativ teuer, verglichen mit einem Flop auf dem Gesamtmarkt jedoch verhältnismäßig günstig. Ausgewählt wurde Haßloch, weil es wegen eines Ludwigshafener Pilotprojekts schon 1986 zu 90 % ans Kabelfernsehen angeschlossen war. Zudem ist die Einzelhandelsstruktur so gut, dass die Haßlocher nicht in Nachbarstädten einkaufen müssen.

3.6 Stichprobenbildung – Wer wird für die Untersuchung ausgewählt?

Hat sich das Unternehmen für eine Methode der Primärforschung entschieden, wird im nächsten Schritt festgelegt, welche Personen, Haushalte oder Unternehmen in die Untersuchung einbezogen werden.

Grundgesamtheit
In der Marktforschung werden alle Elemente (Personen, Haushalte, Unternehmen), über die eine Aussage getroffen werden soll, als Grundgesamtheit bezeichnet.

Die Grundgesamtheit muss vor einer Untersuchung sachlich, räumlich und zeitlich eindeutig und klar definiert werden (z.B. Grundgesamtheit = deutschsprachige Bevölkerung in Privathaushalten ab 14 Jahren (sachlich) am Ort der Hauptwohnung in der Bundesrepublik Deutschland (räumlich) im Jahr 2011 (zeitlich) = 70,332 Mio.).

Vollerhebung
Werden alle Elemente der Grundgesamtheit untersucht, ist dies eine Voll- oder Totalerhebung.

Die Vollerhebung bietet sich an, wenn die zu untersuchende Grundgesamtheit relativ klein und überschaubar ist (z.B. alle Schüler einer Klasse, alle Besucher eines Messestandes).

Der Vorteil der Vollerhebung ist die maximale Genauigkeit der gewonnenen Daten. Ein großer Nachteil sind bei großen Grundgesamtheiten die hohen Kosten und der hohe Zeitaufwand.

Teilerhebung
Unternehmen haben es häufig mit sehr großen Grundgesamtheiten zu tun. Daher werden aus Zeit- und Kostengründen meist nicht alle Elemente der Grundgesamtheit untersucht, sondern nur ein Teil davon (Teilerhebung). Die Teilmenge, die aus der Grundgesamtheit ausgewählt wird, heißt Stichprobe.

Repräsentative Auswahlverfahren
Sollen die Ergebnisse der Stichprobe stellvertretend (repräsentativ) für die Grundgesamtheit stehen und aussagekräftig sein, muss die Stichprobe nach wissenschaftlich anerkannten Verfahren gebildet werden.

Anerkannt und häufig in der Marktforschung verwendet sind die Zufalls- und die Quotenauswahl. Daneben existieren viele Varianten und Mischformen dieser beider Verfahren.

Die wichtigsten Auswahlverfahren im Überblick	
repräsentativ	*nicht repräsentativ*
Quotenauswahl (Quota) Zufallsauswahl (random)	willkürliche Auswahl typische Auswahl u. andere

Der notwendige Umfang einer repräsentativen Stichprobe hängt davon ab, wie genau das Ergebnis sein soll und wie homogen oder heterogen die Grundgesamtheit ist. In der Marktforschung führen häufig schon relativ kleine Stichproben zu brauchbaren Ergebnissen.

Einfache Zufallsauswahl (Randomverfahren)

Bei diesem Verfahren hat jedes Element der Grundgesamtheit die mathematisch berechenbare gleiche Chance, in die Stichprobe zu gelangen. Dafür müssen alle Elemente der Grundgesamtheit bekannt sein.

Der Vorteil dieses Verfahrens liegt darin, dass mathematisch begründbare Rückschlüsse auf die Grundgesamtheit gezogen werden können.

Das klassische Beispiel für eine einfache Zufallsauswahl ist das Ziehen der Lottozahlen. Jede Kugel hat exakt die gleiche Chance, ausgewählt zu werden. Im Unternehmen können beispielsweise aus einer Kundenkartei zufällig Kunden für eine Stichprobe ausgewählt werden. Die Grundgesamtheit besteht aus den in der Kundendatei erfassten Kunden. Die Grundgesamtheit ist symbolisch in Form von Einträgen in der Kundendatei präsent, für jedes Element der Grundgesamtheit existiert genau ein Datensatz mit einer Kundennummer. Die Grundgesamtheit lässt sich symbolisch durchmischen, indem man per Zufallszahlengenerator (wie ihn heute die meisten Computer bieten) eine Startzahl (Kundennummer) und eine Schrittweite ermittelt.

Quotenverfahren

Das Quotenverfahren wird in der Marktforschung am häufigsten angewandt. Man versucht beim Quotenverfahren, ein strukturgleiches, verkleinertes Abbild der Grundgesamtheit zu bilden.

Die prozentuale Verteilung von vorher festgelegten Merkmalen (Geschlecht, Alter, Beruf etc.) in der Stichprobe muss dabei den Anteilen dieser Merkmale in der Grundgesamtheit entsprechen. Die Merkmalsstruktur der Grundgesamtheit wird externen Quellen wie der amtlichen Statistik entnommen.

Enthält die Grundgesamtheit beispielsweise 65 % Frauen, müssen in der Stichprobe ebenfalls 65 % Frauen enthalten sein.

Den Interviewern werden Quoten vorgegeben (Quotenanweisung), nach denen sie sich bei der Auswahl der Probanden zu richten haben. Der Interviewer sucht so lange Personen aus, bis die vorgesehenen Quoten erfüllt sind.

Ein besonderes Problem ist hier die Auswahl der relevanten Quotierungsmerkmale. Häufig werden soziodemografische Merkmale wie Alter und Geschlecht verwendet, die aber nicht notwendigerweise Einstellungs- und Verhaltenseigenschaften repräsentieren.

Nicht repräsentative Verfahren am Beispiel der willkürlichen Auswahl

Bei der willkürlichen Auswahl (Auswahl aufs Geratewohl) werden jene Personen ausgewählt, die am leichtesten erreichbar sind. Beispiele hierzu wären Befragungen von zufällig vorbeikommenden Passanten in Fußgängerzonen oder von Besuchern einer bestimmten Veranstaltung.

Die Stichprobe ist in diesem Fall nicht repräsentativ für die Grundgesamtheit. Trotzdem wird die willkürliche Auswahl wegen der Einfachheit und Preisgünstigkeit in der Praxis häufig angewandt.

Eine willkürliche Auswahl ist z.B. gut geeignet bei Pretests, da Repräsentativität zu diesem Zeitpunkt noch nicht wichtig ist und die Untersuchung schnell durchgeführt werden kann.

3.7   Auswertung und Aufbereitung der Informationen

Wenn die erhobenen Daten vorliegen, werden sie im nächsten Schritt ausgewertet.

Anhand eines Beispiels einer Mitgliederbefragung in einem Sportverein werden die gebräuchlichsten statistischen Werte erläutert.

Frage: „Bitte beurteilen Sie die Sauberkeit der Duschen, indem Sie dafür die (Schul-)Noten 1–6 vergeben. 1 steht für sehr gut, 6 steht für ungenügend."

Hier das Ergebnis in einer tabellarischen Darstellung.

Merkmal	Absolute Häufigkeit der Nennung	Relative Häufigkeit der Nennung (in %)	Gewichtete Ausprägungen (Merkmal x abs. Häufigkeit)
Note 1	20	4	20
Note 2	100	20	200
Note 3	180	36	540
Note 4	175	35	700
Note 5	25	5	125
Note 6	–		
Summe	500 = n	100 %	1.585

Statistischer Wert	Wert im Beispiel
Stichprobengröße n (Umfang der Stichprobe)	n = 500
Absolute Häufigkeit (Häufigkeit, mit der ein Merkmal auftritt)	Note 1 = 20-mal, Note 2 = 100-mal usw.
Relative Häufigkeit (Häufigkeit in Prozent)	Note 1 wurde von 4 % der Befragten vergeben usw.
Spannweite (Differenz zwischen dem höchsten und dem niedrigsten Beobachtungswert)	beste Note: 1 schlechteste Note: 5 Spannweite = 4
arithmetisches Mittel (Mittelwert, Durchschnittswert der Nennungen) Rechnung: Summe aller Nennungen dividiert durch n	1.585/500 = 3,17
Modus oder Modalwert (häufigster vorkommender Wert); bei Merkmalsausprägungen wie blond, braun, schwarz, rot (= Nominalwerte) kann kein arithmetisches Mittel berechnet, jedoch der Modalwert angegeben werden.	Die Note 3 wurde am häufigsten genannt, nämlich 180-mal

Median oder Zentralwert (der Merkmalswert, der in der Mitte steht, wenn alle Beobachtungswerte der Größe nach geordnet sind). Beispiel: Stellen sich alle Schüler einer Klasse der Größe nach in einer Reihe auf, teilt der Schüler, der genau in der Mitte (zentral) der Reihe steht, die Klasse in zwei Hälften. Die eine Hälfte ist kleiner als er (seine Größe ist der Median), die andere Hälfte ist größer.	Im Beispiel werden alle gegebenen Noten der Größe nach geordnet (500 Rangplätze). Auf Rangplatz 250 u. 251 steht jeweils die Note 3. Der Mittelwert daraus ist die Note 3 (= Zentralwert).

3.8 Ausgewählte Markt- und Mediastudien

Media-Analysen

Media-Analysen beschreiben Reichweiten von Werbeträgern und die Struktur der Nutzer. Zusätzlich enthalten sie auch Informationen zur Beschreibung der Zielgruppen.

Beispiel: ma Radio (Media-Ananalyse Radio)	
Herausgeber	Arbeitsgemeinschaft Media-Analyse e.V. (ag.ma), Non-Profit-Organisation, Zusammenschluss von Medien, Verkäufern und Käufern von Medialeistungen. Die ag.ma erforscht, wie die Verbraucher die gesamte Palette der Mediengattungen (Fernsehen und Radio, Kino, Plakat und Online-Medien) nutzen.
Untersuchungs-gegenstand	Radionutzung (Hörerzahlen) und weitere Informationen (z.B. soziodemografische Merkmale, Freizeitaktivitäten, Daten zur Mobilität, technische Haushaltsausstattung)
Grundgesamtheit (seit 2008)	deutschsprachige Bevölkerung in Privathaushalten am Ort der Hauptwohnung in der Bundesrepublik Deutschland im Alter von 10 und mehr Jahren (2011: 73,437 Mio.)
Art und Umfang der Stichprobe	mehrstufige, systematische Zufallsauswahl, ca. 65.000 Personen
Erhebungs-methode	CATI (Computer Assisted Telephone Interviewing)

Einbezogene Medien	ca. 200 Einzelsender und Hörfunkkombinationen
Häufigkeit	2-mal jährlich, Frühjahrs- und Herbstwelle
Besonderheit	anerkannte Grundlage für die Werbepreisgestaltung der Radiosender (Werbewährung)

Markt-Media-Analysen

Markt-Media-Analysen verbinden Untersuchungen zum Kauf- und Konsumverhalten mit Erhebungen zur Medianutzung.

Beispiel: Allensbacher Werbeträgeranalyse (AWA)	
Herausgeber	Institut für Demoskopie Allensbach im Auftrag von ca. 70 Verlagen und TV-Sendern (Mehrthemenbefragung)
Untersuchungs-gegenstand	Mediennutzung unterschiedlicher Medien (Schwerpunkt Print) sowie z.B. soziodemografische Merkmale, Besitz und Konsum, Kaufpläne, Interesse und Entscheidungsträger für viele Produktbereiche (z.B. Sport/Freizeit, Urlaub und Reisen, Geldanlagen und Versicherungen, Haus und Wohnen, Computer, Internet, Telekommunikation, Kfz, Mode, Gesundheit, Haushalt, Essen, Trinken, Rauchen)
Grundgesamtheit	deutschsprachige Bevölkerung ab 14 Jahren in Privat-haushalten am Ort der Hauptwohnung in der Bundes-republik Deutschland: 2011: 70,332 Mio.
Art und Umfang der Stichprobe	Quotenauswahl, ca. 20.990 Befragte
Erhebungs-methode	mündlich, persönliche Interviews (Face-to-Face)
Einbezogene Medien	Publikumszeitschriften einschließlich Special-Interest-Zeitschriften, Stadtillustrierte, Supplements, Kundenzeit-schriften, regionale und überregionale Tageszeitungen, Anzeigenblätter, Telefonbuch, Plakate, Nahverkehrsmittel, Kino, Hörfunk, Fernsehen, Internet-/Online-Nutzung
Besonderheit	Auszüge der AWA finden sich häufig in den Mediaun-terlagen der Werbeträger.

Beispiel: VerbraucherAnalyse (VA)

Die VerbraucherAnalyse VA liefert zusätzlich zu Daten zur Mediennutzung Informationen über Kauf und Verwendung von Produkten und Marken.

Herausgeber	Axel Springer Verlag und Verlagsgruppe Bauer
Untersuchungs-gegenstand	Mediennutzung und Nutzerstrukturen von klassischen Werbeträgern • soziodemografische Merkmale • Besitz und Konsumdaten für eine Vielzahl von Produkten, Produktbereichen und Marken • Anschaffungsabsichten • Einstellungen
Grundgesamtheit	• deutsche Wohnbevölkerung in Privathaushalten ab 14 Jahren (VA Klassik) 70,332 Mio. • ab 12 Jahren (VA Jugend) 71,919 Mio.
Art und Umfang der Stichprobe	• mehrstufige, geschichtete Zufallsauswahl • VA Klassik: 31.918 Fälle • VA Jugend: 33.073 Fälle
Erhebungsmethode	• CAPI (Computer Assisted Personal Interviewing) und • CASI (Computer Assisted Self Interviewing)
Einbezogene Medien	• Publikumszeitschriften, Supplements, regionale und überregionale Tageszeitungen, Wochenzeitungen, Lesezirkel, Telefonbücher, City-Light-Plakate, Großflächenplakate, Kino, Hörfunk, Fernsehen, Internet-/Online-Dienste, Videotext
Besonderheiten	seit 2011 neues psychografisches Zielgruppenmodell (VA-Konsumtypologie)

Aufgaben zur Selbstkontrolle

1. Beantworten Sie bitte durch Ankreuzen!

		rich-tig	falsch
1.	Die Primärforschung bedient sich qualitativer oder quantitativer Methoden.		
2.	In der Sekundärforschung werden erneut Daten analysiert, die primär für andere Zwecke erhoben wurden.		
3.	Die Sekundärforschung beschränkt sich auf innerbetriebliche Datenquellen.		
4.	Für eine schriftliche Befragung spricht, dass der Befragte dann antworten kann, wenn er Zeit hat.		
5.	Die Primärforschung liefert meist aktuellere Daten als die Sekundärforschung.		
6.	Eine Erhebung ist repräsentativ, wenn jedes Element der Grundgesamtheit die gleiche Chance hat, in die Stichprobe zu gelangen.		
7.	Eine Erhebung ist repräsentativ, wenn die Grundgesamtheit ein verkleinertes, strukturgleiches Abbild der Stichprobe ist.		
8.	Die Demoskopie ermittelt quantitativ-statistische Werte zu Meinungen und Einstellungen.		
9.	Für eine telefonische Befragung spricht, dass die Interviews sehr lang sein können.		
10.	Für die persönliche Befragung sprechen die niedrigen Kosten und der geringe Zeitaufwand.		
11.	Bei geschlossenen Fragen werden zur Beantwortung der Frage verschiedene Antwortmöglichkeiten vorgegeben.		
12.	Fragen zur Person gehören an den Anfang eines Fragebogens.		
13.	Bei verdeckter Beobachtung kann es zu unerwünschten Verhaltensänderungen kommen, da der Proband weiß, dass er beobachtet wird.		

Aufgaben zur Selbstkontrolle

		rich-tig	falsch
14.	Beim Produkttest wird die Akzeptanz eines Produkts auf einem Testmarkt überprüft.		
15.	Eine Vollerhebung ist meist kostengünstiger als eine Teilerhebung.		
16.	Bei der Panelforschung werden bei einer stehenden Stichprobe laufend dieselben Messungen vorgenommen.		

2. Ergänzen Sie folgende Tabelle!

Wenn Informationen über den Markt ...	handelt es sich um eine ...
... unsystematisch und gelegentlich eingeholt werden	
... planmäßig und gezielt eingeholt werden	
... zu einem bestimmten Zeitpunkt erhoben werden	
... in einem Zeitraum erhoben werden	
... genutzt werden, um seine Entwicklung vorherzusagen	

3. Definieren Sie kurz die beiden Methoden der Marktforschung!

Primärforschung	Sekundärforschung
=	=

4. Nennen Sie drei Beispiele für Quellen der Sekundärforschung!

5. Nennen Sie Methoden der Primärforschung!

4　Analyse und Interpretation der Marktsituation

Im Rahmen der strategischen Situationsanalyse betrachtet man, ausgehend von den grundlegenden Zielen des eigenen Unternehmens,

- die Marktteilnehmer (Kunden, Wettbewerber, Lieferanten, Absatzmittler) mit ihren jeweiligen Ansprüchen und Möglichkeiten,
- die politische und rechtliche Situation und
- die gesellschaftlichen, technologischen, wirtschaftlichen und geografischen Bedingungen in den Gebieten, in denen man tätig ist oder werden will.

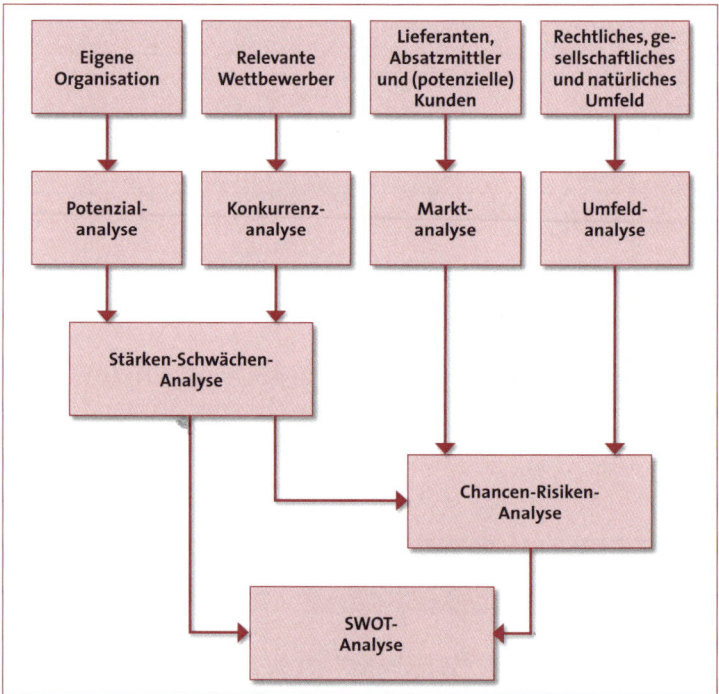

Abb. 4.1:　Strategische Situationsanalyse (in Anlehnung an Nieschlag/Dichtl/ Hörschgen: Marketing, 2002, S. 878)

Aus den so gewonnenen Informationen versucht man abzuleiten, ob sich bestimmte Entwicklungen (z.B. Bio-Trend im Verbraucherverhalten) abschätzen lassen oder ob vom Verhalten einzelner Marktteilnehmer Gefahren ausgehen (z.B. wenn Konkurrenten einen technologischen Fortschritt aufbauen konnten).

Man legt also nicht einfach „freihändig" irgendwelche Marketingziele fest, sondern analysiert zunächst den Ist-Zustand des Marktes, in dem man aktiv ist (oder aktiv werden will). Dann bestimmt man den Soll-Zustand, den man erreichen will. Die Realisierbarkeit der gesteckten Ziele ist dabei stark abhängig von der möglichst genauen Erfassung der Marktsituation.

Die Interpretation der Daten aus der strategischen Situationsanalyse bildet die Grundlage für die Entscheidungen zum künftigen Verhalten des Unternehmens am Markt.

4.1 Potenzialanalyse

Bei der Potenzialanalyse untersucht man die Stellung des eigenen Unternehmens am Markt – vor allem im Hinblick auf die Handlungsmöglichkeiten, die sich gegenwärtig und künftig bieten. Hier werden vor allem folgende Aspekte betrachtet:

- Image des Unternehmens, Images der einzelnen Produktmarken
- Marktposition des Unternehmens, Marktanteile der einzelnen Anbieter und Produktmarken
- Kapitalausstattung und Kreditwürdigkeit
- Anzahl, Qualifikation und Motivation der Mitarbeiter
- Standortqualität, Verkehrsanbindung (Erreichbarkeit)
- Zahl der Niederlassungen, Verbreitung im Absatzgebiet
- Vertriebsorganisation
- Beziehungen zu Kooperationspartnern und Absatzmittlern
- Zahl der Kunden, Kundentreue (bzw. Kundenfluktuation)

4.2 Konkurrenzanalyse

Bei der Konkurrenzanalyse betrachtet man die gleichen Faktoren wie bei der Potenzialanalyse – nur eben in Bezug auf die wichtigsten Wettbewerber. Das ist natürlich nur sehr eingeschränkt möglich, weil nicht alle Daten frei zugänglich sind. Deshalb muss man über Branchenverbände, die IHK, das Statistische Bundesamt oder Studien (die z.B. von Fachzeitschriftenverlagen, Unternehmensberatungen, Ministerien, Stiftungen, Gewerkschaften oder Marktforschungsinstituten herausgegeben werden) Daten sammeln. Sehr informativ sind auch Geschäftsberichte und Messen.

Zusätzlich zu den in der Potenzialanalyse genannten Faktoren spielen bei der Konkurrenzanalyse noch weitere Punkte eine Rolle:

- Zahl der Wettbewerber (Wettbewerbsintensität)
- Größe der Wettbewerber (Umsatzgröße, Mitarbeiterzahl)
- Marktanteile nach Unternehmen und Produkten
- Wettbewerbsstrategien (z.B. Übernahmeschlachten, Verdrängungswettbewerb)

4.3 Marktanalyse

Bei der Marktanalyse werden folgende Faktoren betrachtet, die Einfluss auf den Erfolg des Unternehmens haben können:

- die Marktsituation,
- die Lieferanten und Kooperationspartner,
- die Absatzmittler (der Handel) und
- die (bestehenden und potenziellen) Kunden.

4.3.1 Marktsituation

Die Marktsituation wird vor allem durch das Marktpotenzial, das Marktvolumen, die Marktaufteilung und das Marktwachstum beschrieben.

Das Marktpotenzial ist ein geschätzter Wert. Man kann das Marktpotenzial mengen- oder wertmäßig bestimmen, beispielsweise anhand der insgesamt denkbaren Anzahl von Kunden, die ein Produkt (z.B. ein betriebswirtschaftliches Fachbuch) kaufen könnten – oder auch anhand der Menge von Produkten, die in einem gewissen Zeitraum und einem bestimmten Absatzgebiet (z.B. Deutschland) verkauft werden könnten. Das Marktpotenzial kann auch wertmäßig bestimmt werden (z.B. Umsatz aller Anbieter zusammengerechnet).

Beispiel zum Marktpotenzial

Wir betrachten zum Marktpotenzial ein fiktives Rechenbeispiel (d.h., die folgenden Werte sind nicht echt, sondern angenommene Zahlen).

Nehmen wir einmal an, dass es in Deutschland etwa eine Million Auszubildende, Umschüler, Teilnehmer in Weiterbildungen und Studenten mit kaufmännischer Ausrichtung gibt. Das mengenmäßige Marktpotenzial für kaufmännische Fachliteratur umfasst also 1 Mio. potenzielle Käufer.

Nehmen wir weiterhin an, dass die durchschnittliche Ausstattung eines Studenten bei zehn Büchern liegt; Auszubildende, Umschüler und Weiterbildungsteilnehmer haben im Schnitt drei Fachbücher. Sagen wir, der Durchschnitt liegt in unserer Zielgruppe bei fünf Fachbüchern pro Person. Das wäre ein mengenmäßiges Marktpotenzial von 5 Mio. Exemplaren.

Der durchschnittliche Preis eines kaufmännischen Fachbuchs mag bei 25 Euro liegen. Die Ausgaben liegen also durchschnittlich bei 125 Euro pro Person. Das macht bei einer Million potenzieller Kunden ein wertmäßiges Marktpotenzial von 125 Mio. Euro für kaufmännische Fachliteratur. Das bedeutet, dass alle Anbieter zusammen mit allen von ihnen produzierten Büchern insgesamt 125 Mio. Bruttoumsatz mit kaufmännischer Fachliteratur machen könnten. Der Nettoumsatz hängt naturgemäß von der Handelsspanne ab.

Das Marktvolumen bezeichnet dabei die tatsächlich erreichte Zahl von Kunden oder die tatsächlich verkaufte Menge an Produkten, in unserem Beispiel also Bücher (Absatz), oder auch den tatsächlich erzielten Umsatz (in Euro) – dies wiederum auch hier für alle Anbieter in einem bestimmten Gebiet und einem bestimmten Zeitraum zusammen. Wenn also von einer Million potenzieller Kunden nur 300.000 tatsächlich kaufen und statt 125 Euro pro Person nur 50 Euro für kaufmännische Fachliteratur ausgeben, dann kommen wir auf 15 Mio. Euro Branchenumsatz (= wertmäßiges Marktvolumen).

Wenn jetzt ein einzelner Verlag 1,5 Mio. Euro Umsatz mit kaufmännischer Fachliteratur macht (= 10 % des Marktvolumens), dann hat er 10 % Marktanteil.

> *Der Marktanteil ist der Anteil eines Unternehmens*
> *(oder auch einer Produktmarke) am Marktvolumen.*

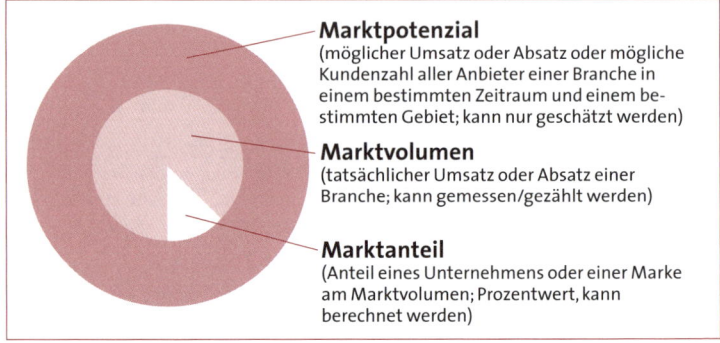

Marktpotenzial
(möglicher Umsatz oder Absatz oder mögliche Kundenzahl aller Anbieter einer Branche in einem bestimmten Zeitraum und einem bestimmten Gebiet; kann nur geschätzt werden)

Marktvolumen
(tatsächlicher Umsatz oder Absatz einer Branche; kann gemessen/gezählt werden)

Marktanteil
(Anteil eines Unternehmens oder einer Marke am Marktvolumen; Prozentwert, kann berechnet werden)

Abb. 4.2:   Marktpotenzial, Marktvolumen und Marktanteil

Nun ist es wichtig, etwas über die Marktstruktur zu erfahren, also zu wissen, wie der Markt aufgeteilt ist. Dabei untersucht man zum einen die Marktanteile der wichtigsten Anbieter, zum anderen aber auch die Anteile der einzelnen Sparten am Gesamtumsatz der Branche.

Um bei unserem Fall mit der kaufmännischen Fachliteratur zu bleiben: Hier wäre interessant, wie viel Prozent des Gesamtumsatzes in diesem Bereich die zehn größten Verlage halten – und wie viele hundert Verlage sich mit dem Restanteil begnügen müssen. So etwas könnte man beispielsweise ermitteln. Oder man könnte untersuchen, wie groß der Anteil der Marketingbücher an dem Gesamtabsatz (nach Exemplaren) im Bereich der Wirtschaftsfachliteratur ist.

Zur Beschreibung der Marktsituation gehört auch eine Aussage darüber, ob der Markt wächst, stagniert oder schrumpft.

Von einem wachsenden Markt spricht man, wenn das Marktpotenzial noch nicht annähernd ausgeschöpft ist und jährliche Zuwachsraten in den Absatz- und Umsatzzahlen zu verzeichnen sind. In einen wachsenden Markt investiert man als Anbieter, weil hier am wahrscheinlichsten mit einem Erfolg zu rechnen ist. Hier gibt es zahlreiche Produktentwicklungen.

Von einem stagnierenden Markt spricht man, wenn das Marktvolumen das Marktpotenzial bereits erreicht hat. Das Marktpotenzial ist dann bereits ausgeschöpft, es gibt keine Zuwachsraten. Der Markt ist gesättigt. In gesättigten Märkten wird nicht mehr investiert, hier herrscht lediglich noch Verdrängungswettbewerb.

In die Entwicklung neuer Produkte wird nicht mehr investiert. Die meisten Anbieter versuchen nur noch, mit Werbung und Preisnachlässen so lange wie möglich „zu überleben".

Ein schrumpfender Markt ist ein Markt mit sinkendem Absatz oder Umsatz. Das Marktvolumen wird immer kleiner. Immer weniger Anbieter können sich am Markt halten – und dazu bedarf es auch immer größerer Anstrengungen. Ein Beispiel für einen schrumpfenden Markt ist der Markt für bespielbare Audiokassetten. Aus einem solchen Markt kann man sich als Anbieter nur schnellstmöglich zurückziehen, um weitere Verluste zu vermeiden.

4.3.2 Lieferanten und Kooperationspartner

Bei der Untersuchung der Marktsituation muss man auch darauf achten, wie viele mögliche Lieferanten zur Verfügung stehen, welche Konditionen man wo bekommt und wie zuverlässig die Lieferanten sind (in Bezug auf Liefertermine, Übereinstimmung von Bestell- und Liefermengen und Übereinstimmung von bestellten und tatsächlich gelieferten Artikeln). Man sollte sich auch nicht zu sehr von einem Lieferanten abhängig machen. Was ist, wenn dort einmal Lieferengpässe auftreten oder der Lieferant sein Sortiment verändert?

Bei vielen Produkten und Dienstleistungen ist es sinnvoll, Kooperationspartner einzubinden. Zum einen entstehen durch die Vielzahl von Angeboten oft erhebliche Kosten, zum anderen ist man als neuer Anbieter am Markt oft noch gar nicht in der Lage, preisverträglich in der geforderten Qualität zu produzieren. Hier empfiehlt es sich, mit Spezialisten zu kooperieren und bestimmte Leistungen von ihnen zuliefern zu lassen. Man spricht im Marketing von „Make-or-buy"-Entscheidungen (mache ich das selbst oder kaufe ich die Leistung lieber von einem Partner zu?) – Ein typischer Fall von Make-or-buy-Entscheidungen ist das Catering bei Veranstaltungen.

4.3.3 Absatzmittler

Wenn man sich als Anbieter auf einem Markt etablieren will, muss man sicherstellen, dass die produzierten Leistungen den Kunden auch zugänglich gemacht werden. Dazu benötigt man in den meisten Fällen Absatzmittler. Das ist im Normalfall der Groß- und Einzelhandel, das können aber auch freie Handelsvertreter oder Franchisenehmer sein.

In der Analyse der Marktsituation muss man vor allem untersuchen, wie die Einkaufsentscheidungen bei den Absatzmittlern getroffen werden, wie die Bedingungen in Bezug auf die Eigenmarkenpolitik des Handels gestaltet sind, wie hoch die Werbekostenzuschüsse sind und wie hoch die Bereitschaft des Handels zur Kooperation (beispielsweise bei Werbeaktionen für Produktneueinführungen) ist.

4.3.4 Bestehende und potenzielle Kunden

Schließlich muss man noch einen Überblick darüber gewinnen, wie viele Kunden es bereits gibt, wie viele potenzielle Kunden noch gewonnen werden könnten, welche Vorlieben (= Präferenzen) bestimmte Kundengruppen haben und wie es um die Kaufkraft und die Kaufbereitschaft der Kunden steht. Außerdem sollte man als Anbieter wissen, wie treu die einmal gewonnenen Kunden „ihrer" Marke sind. Hier geht es um Aspekte wie Wiederkaufraten und Wechselbereitschaft. Einem Unternehmen sollte es immer darum gehen, eine hohe Kundenbindung zu erreichen. Eine hohe Kundenfluktuation erfordert ein immer neues Einstellen auf die Bedürfnisse der einzelnen Kunden und kostet sehr viel Zeit und Geld. Eine stabile, partnerschaftlich geführte Kundenbeziehung ist für den Kunden wie auch für den Anbieter deutlich wertvoller, weil man weiß, was man aneinander hat. Das Risiko ist für beide Seiten deutlich reduziert.

4.4 Umfeldanalyse

Im Rahmen der Umfeldanalyse gilt es vor allem auf politische und rechtliche Rahmenbedingungen zu achten. Beispielsweise spielen das Wettbewerbsrecht und Umweltschutzbestimmungen eine erhebliche Rolle bei der Marketingplanung.

Darüber hinaus ist natürlich auch das gesellschaftliche Umfeld von Bedeutung. Hier sollte man kulturelle Besonderheiten, gesellschaftliche Normen und sozialpolitische Entwicklungen besonders im Blick haben.

Beispiel

Gegenwärtig ist in Deutschland ein Wertewandel zu beobachten, der von alten Familientraditionen wegführt – hin zu einem weitgehend autark geführten Leben mit hoher Selbstbestimmtheit und hohem Unterhaltungswert in „freieren", weniger verpflichtenden Beziehungen. Es gibt immer mehr Alleinlebende, Alleinerziehende und getrennt lebende Paare, die nicht in den traditionellen Familienstrukturen ihr Glück suchen. Das wäre vor fünfzig Jahren mit sehr viel gesellschaftlichem Misstrauen bedacht worden; heute ist es in Ordnung – allerdings eher in Städten als auf dem Land.

Worin dieser Wertewandel begründet ist, können wir hier nicht erschöpfend darstellen. Aber für das Marketing ist er von Bedeutung, weil Marketingmanager sich in die Lebenssituation ihrer Zielgruppe einfühlen müssen, wenn sie erfolgreich für sie arbeiten wollen. Gesellschaftliche Trends muss man erkennen.

Darum geht es doch im Marketing: keine pauschalen Lösungen zu entwickeln, sondern spezifische Lösungen, die den Bedürfnissen und Nutzungssituationen der Zielgruppe gerecht werden.

Marketingmanager der Lebensmittelbranche machen sich daraufhin u.a. Gedanken darüber, dass Alleinlebende oder Kleinfamilien nicht so große Mengen an Nahrungsmitteln benötigen. Es werden also Tiefkühl-Fertiggerichte in Kleinportionen entwickelt, z.B. eine Packung mit zwei Back-Camemberts inkl. beigefügter Preiselbeer-Sauce. Kommt man abends müde von der Arbeit nach Hause, ist dort niemand, der das Essen vorbereiten konnte. Da ist es bequem, sich schnell etwas zubereiten zu können. Viele Alleinlebende brauchen und wünschen diese Bequemlichkeit. Das hat die Lebensmittelindustrie erkannt und die passenden Convenience-Produkte (z.B. Fertiggerichte) entwickelt. Sie steigert damit die Lebensqualität der Konsumenten, indem sie ihnen Zeit „schenkt".

4.5   Stärken-Schwächen-Analyse

Die Stärken-Schwächen-Analyse wird entwickelt, indem man die Informationen aus der Potenzialanalyse des eigenen Unternehmens in Beziehung zu den Daten der Konkurrenzanalyse setzt. Daraus kann man ableiten, wo man besser ist als die Konkurrenz, wo die eigenen Stärken liegen. So wird aber auch klar, wo man Schwächen hat, also nicht so gut ist wie die Konkurrenz.

Die Stärken-Schwächen-Analyse ist eine interne Analyse, weil es hier um Faktoren geht, die im Unternehmen verändert werden können (z.B. die Vertriebsorganisation). Zum Vergleich zieht man meistens den wichtigsten Wettbewerber, den Hauptkonkurrenten, heran.

4.6   Chancen-Risiken-Analyse

In der Chancen-Risiken-Analyse werden die Informationen aus der Markt- und der Umfeldanalyse zusammengeführt. Hier geht es schwerpunktmäßig um die Betrachtung von Einflussfaktoren, die von außen auf das Unternehmen einwirken und auf die man reagieren muss. Die Chancen-Risiken-Analyse wird deshalb auch als externe Analyse bezeichnet. Chancen und Risiken können beispielsweise das Wetter oder bedeutende Großveranstaltungen in der Nähe eines Unternehmens sein. Ist das Wetter schön, fahren mehr Leute an die Ostsee, um dort Urlaub zu machen. Das schöne Wetter ist also eine Chance für die dort ansässigen Hoteliers und Gastronomen. Findet eine bedeutende Großveranstaltung statt (z.B. die Fußball-WM 2006 in Berlin), dann profitieren davon die Geschäfte im Innenstadtbereich. Tagungs- und Seminaranbieter hingegen bekommen ein Problem: Die Hotelzimmer sind komplett ausgebucht – die Tagungsteilnehmer können während der Großveranstaltung nicht untergebracht werden. Sie sehen: Das gleiche Ereignis ist für das eine Unternehmen eine Chance, für das andere aber ein Risiko.

4.7 SWOT-Analyse

In der SWOT-Analyse fließen die Informationen aus der Stärken-Schwächen-Analyse und der Chancen-Risiken-Analyse zusammen und ergeben ein schlüssiges Gesamtbild, sodass man daraus Handlungsempfehlungen ableiten kann.

SWOT steht für ...
Strenghts (= Stärken)
Weaknesses (= Schwächen)
Opportunities (= Chancen, Möglichkeiten)
Threats (= Risiken, Bedrohungen)

Zunächst werden zahlreiche denkbare Möglichkeiten (Chancen) und Bedrohungen (Risiken) zusammengetragen, die Einfluss auf die Unternehmensaktivitäten haben könnten. Das kann sich u. a. auf die Beschaffung, die Nachfrage oder auch auf rechtliche und politische Rahmenbedingungen beziehen. Diese Möglichkeiten und Bedrohungen kommen aus dem Unternehmensumfeld und müssen beachtet werden, können aber oft nicht von einem einzelnen Anbieter beeinflusst werden. Man muss sich als Anbieter einfach daran orientieren und seine Aktivitäten darauf ausrichten, um im gegebenen Umfeld zurecht zu kommen.

Anschließend werden die Stärken und Schwächen des eigenen Unternehmens (im Vergleich zur Konkurrenz) betrachtet.

Dann bringt man ausgewählte Chancen und Risiken mit ausgewählten Stärken und Schwächen in Verbindung. Dabei wird die SWOT-Analyse von oben (Unternehmensumfeld) nach unten (eigene Stärken und Schwächen) gestaltet.

Schließlich werden aus den Verbindungen O/W (Opportunities/Weaknesses) und T/W (Threats/Weaknesses) Handlungsempfehlungen abgeleitet. In diesen beiden Feldern werden entweder Chancen noch nicht ausreichend genutzt (O/W) oder Gefahren nicht abgewendet (T/W).

Das Herstellen von Verbindungen ist genauso subjektiv und individuell wie das Sammeln von Einflussfaktoren, das Formulieren der Einflussfaktoren und das Auswählen der Einflussfaktoren, die man näher betrachten will. Deshalb eignet sich die SWOT-Analyse auch nicht besonders gut für externe Präsentationen; das Modell ist schlichtweg zu subjektiv (und außerdem zu erklärungsbedürftig). Aber für unterneh-

mensintern zu treffende Entscheidungen eignet sich das Modell sehr
gut – vorausgesetzt, man wendet es korrekt an.

SWOT-Analyse am Beispiel einer „Billigfluglinie"

Stärken	Schwächen
• klares Profil im Markt, etablierte Positionierung als Discount-Anbieter • hohe Bekanntheit • gutes Preis-Leistungs-Verhältnis • geringere Kosten (im Vergleich mit der durchschnittlichen Konkurrenz) • zahlreiche Flugziele in/bei attraktiven europäischen Städten	• geringer Komfort (geringe Qualität) • Image als unkomfortabler „Billigflieger" • Zielflughäfen oft nicht im Zielort, sondern relativ weit abgelegen • Zusatzgebühren, die über den Flugpreis hinaus erhoben werden (müssen), verärgern manche Kunden
Chancen (Möglichkeiten)	**Risiken (Bedrohungen)**
• erleichterte Reisebedingungen innerhalb der europäischen Union (durch Reisefreiheit und einheitliche Währung) • wachsende Erlebnisorientierung in der Bevölkerung (in Verbindung mit steigender Reisebereitschaft) • optimiertes Destinationsmarketing europäischer Regionen und Städte (dadurch steigende Nachfrage auf Kundenseite) • hohe/wachsende Nachfrage nach Städtereisen/Kurzreisen (> 4 Tage) • steigende Nachfrage nach „Billigangeboten" (bei Verzicht auf Komfort) • bessere Preisvergleichsmöglichkeiten für Kunden (z. B. durch Internetportale) • unkomplizierte Online-Bezahlsysteme	• sinkende Kaufkraft in der Bevölkerung • Terrorgefahr (seit 11.09.2001) • wachsendes Umweltbewusstsein in der Bevölkerung (Image von Flugzeugen als „Umweltschädlinge", CO_2-Ausstoß) • steigende Kosten (Ölpreis, Umweltauflagen, Flughafengebühren, ...) • hohe Preissensibilität (und sinkende Preisbereitschaft) der Kunden

SWOT-Analyse	Opportunities (Chancen/Möglichkeiten)	Threats (Risiken/Bedrohungen)
Strenghts (Stärken)	steigende Nachfrage nach Billigangeboten klares Profil im Markt, etablierte Positionierung als Discount-Anbieter	sinkende Kaufkraft in der Bevölkerung (in Verbindung mit sinkender Preis-bereitschaft) niedrige Preise, gutes Preis-Leistungs-Verhältnis (durch geringe Kosten)
Weaknesses (Schwächen)	hohe/wachsende Nachfrage im Teilmarkt Städtereisen/ Kurzreisen (zu attraktiven Destinationen) Zielflughäfen oft nicht IM Zielort, sondern relativ weit abgelegen (unkomfortabel)	hohe Preissensibilität der Kunden (bei zugleich hohen Ansprüchen in Bezug auf Bequemlichkeit) abgelegene Zielflughäfen erfordern oft zusätzlichen (zeit- und kostenintensiven) Transfer, oft: Zusatzgebühren

Aufgaben zur Selbstkontrolle

1. Beantworten Sie bitte durch Ankreuzen!

	rich-tig	falsch
Die Potenzialanalyse bezieht sich ausschließlich auf das eigene Unternehmen (bzw. auf die eigene Organisation).		
Den Wertewandel in der Gesellschaft müssen nur die Organisationen berücksichtigen, die im Social Marketing tätig sind.		
Eine Konkurrenzanalyse ist von vornherein zwecklos, weil man sowieso nicht an die wirklich aussagekräftigen Daten kommt.		
In der SWOT-Analyse werden die Stärken-Schwächen-Analyse und die Chancen-Risiken-Analyse konzentriert auf einen Punkt gebracht und miteinander verbunden.		

2. Antworten Sie bitte in Stichworten!

In welchem Verhältnis stehen Marktvolumen und Marktpotenzial bei einem gesättigten Markt?

5 Marketingplanung

Friedrich Dürrenmatt hat einmal bemerkt: *„Die Planung ersetzt den Zufall durch den Irrtum."* – Ein schöner Satz, dem man einen gewissen Wahrheitsgehalt auch nicht absprechen kann. Immerhin liegt die Floprate bei Konsumgütern in Deutschland bei etwa 70 %. Das heißt, dass nur ein Drittel aller neu eingeführten Produkte es schafft, das erste Jahr am Markt zu „überleben". Und wahrscheinlich wurden sogar einige der Flops ordentlich geplant, sind aber trotzdem gescheitert.

Dennoch ist Planung wichtig, sinnvoll und nützlich. Planen ist „Handeln in der Fantasie" – und da kann es schon passieren, dass einige der Annahmen sich in der Realität nicht bestätigen. Wenn man aber nicht plant, sondern einfach „aus dem Bauch heraus" handelt, stehen die Chancen garantiert noch schlechter.

5.1 Idealtypischer Marketingplanungsprozess

Der idealtypische Planungsprozess im Marketing sieht so aus:
1. Man entwickelt eine interessante Geschäftsidee, beispielsweise für eine neue Dienstleistung.
2. Dann wird der Markt daraufhin untersucht, ob es bereits Anbieter mit ähnlichen Angeboten gibt, wie stark der Markt besetzt ist, wie viele Kunden sich für das Angebot grundsätzlich interessieren könnten, welche Bedarfsstrukturen es gibt und worauf die Kunden besonderen Wert legen, wie hoch die Bereitschaft der potenziellen Kunden ist, für das Angebot überhaupt Geld auszugeben (und wie viel), von welchen Lieferanten man Material beziehen könnte, welche Absatzmittler und Kooperationspartner infrage kämen (vgl. hierzu Kapitel 4 zur strategischen Situationsanalyse).
3. Jetzt kann man sich für eine Zielgruppe entscheiden, also aus dem Gesamtmarkt einen Teilmarkt auswählen. Hier könnte man sich beispielsweise für ein bestimmtes Absatzgebiet entscheiden, also anhand des soziodemografischen Zielgruppenmerkmals „Wohnort" eine regionale Marktsegmentierung vornehmen. Beispielsweise könnte man als Telefonanbieter nur in den lukrativen Ballungsräumen Berlin, Hamburg, Frankfurt am Main und München tätig werden. So hat das Colt Telecom Ende der 1990er-Jahre gemacht.

4. Nun werden die Marketingziele definiert: die Höhe des Umsatzes, die Anzahl der verkauften Einheiten (Absatz), die Anzahl der Kunden, die man in einem gewissen Zeitraum für sich gewinnen will, der Bekanntheitsgrad und das Image, ...

5. Anhand der Marketingziele wird nun eine Marketingstrategie entwickelt, also eine langfristige Planungsvorgabe, an der alle Maßnahmen ausgerichtet werden, die man durchführen will. Hier kann man sich beispielsweise dafür entscheiden, langfristig als besonders preiswerter Anbieter auf dem Markt tätig zu sein. Man kann aber auch festlegen, dass man viel in Forschung und Entwicklung, Qualitätssicherung, Produktdesign und Werbung investiert, um sich als Anbieter besonders hochwertiger Produkte am Markt zu positionieren.

6. Nun werden die Maßnahmen geplant: die Markteinführung eines neu entwickelten Produkts, flankiert von Messeauftritten, Rabattaktionen, einer Werbekampagne und handelsgerichteten Verkaufsförderungsmaßnahmen, ... – Wichtig ist hier, dass die einzelnen Maßnahmen nicht isoliert eingesetzt, sondern sinnvoll aufeinander abgestimmt werden. Nur so entsteht ein funktionierender Marketingmix.

7. Für die Umsetzung der geplanten Maßnahmen muss man nun noch das benötigte Budget berechnen. Eventuell ist man gezwungen, sich aus finanziellen Gründen von einer bestimmten Idee zu verabschieden und auf eine Alternative auszuweichen. Dennoch ist es gut, zuerst die Maßnahmen zu planen und dann das Budget zu bestimmen. Es geht schließlich nicht um das Ausgeben von Geld, sondern um die Erreichung der Marketingziele.

8. Nun werden die geplanten Maßnahmen umgesetzt.

9. Und schließlich wird geprüft, ob die beabsichtigte Wirkung eingetreten ist – ob also die Marketingmaßnahmen zum gewünschten Erfolg geführt haben (oder nicht).

Der Marketingplanungsprozess lässt sich grafisch so darstellen wie in Abbildung 5.1 auf der folgenden Seite. Dabei wird deutlich: Der Prozess stellt eine Art Regelkreis dar, d.h., nach Analyse, Planung und Umsetzung erfolgt eine Kontrolle, deren Ergebnisse Daten liefern, die wiederum in die Analyse einfließen und den Prozess verbessern. Wir gehen im weiteren Verlauf des Kapitels auf die einzelnen Planungsetappen ausführlicher ein.

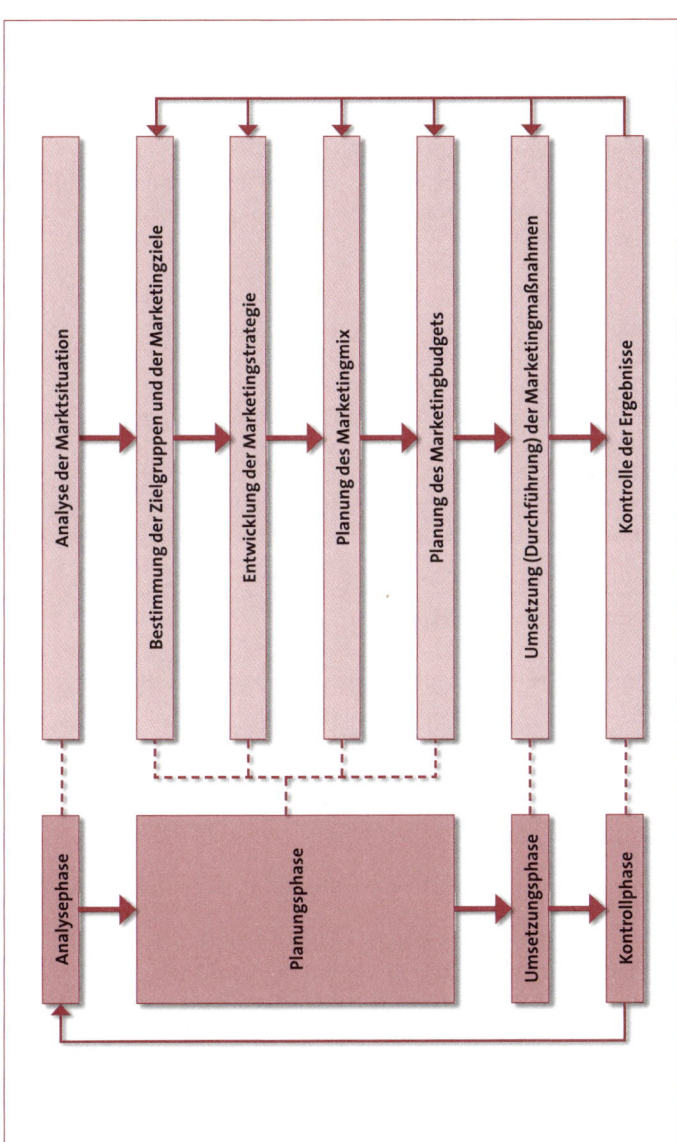

Abb. 5.1: Marketingplanungsprozess (in Anlehnung an Bruhn: Marketing, 2008, S. 38)

5.2   Analyse der Marktsituation

Dieser Punkt wurde im Abschnitt 4.3 („Marktanalyse") bereits ausführlich dargestellt. Wir wollen Doppelungen vermeiden und gehen hier nur noch einmal kurz auf das Wichtigste ein.

Der Markt besteht nicht nur aus Kunden und möglichen Kunden, sondern auch aus Absatzmittlern, Lieferanten und Konkurrenten. Darauf muss man achten.

Bei der Analyse der Marktsituation muss man bereits eine konkrete Fragestellung im Kopf haben. Sonst sammelt man eine unglaubliche Menge an Daten, die aber ohne Informationswert sind. Man muss zielgerichtet nach Informationen suchen, um Antworten zu bekommen. Die Analyse der Marktsituation soll schließlich dazu beitragen, die Handlungsfähigkeit des Unternehmens zu erhöhen. Bevor man mit der Marktanalyse beginnt, gilt es also schon die genaue Fragestellung im Kopf zu haben: Was genau will ich herausfinden? – Die Analyse der Marktsituation kostet sonst nur viel wertvolle Arbeitszeit und Geld.

5.3   Marktsegmentierung

Marktsegmentierung bedeutet, dass der relevante Gesamtmarkt in mehrere Teilmärkte unterteilt wird, die sich in bestimmten Merkmalen voneinander unterscheiden und entsprechend auch unterschiedlich bearbeitet werden sollten. So kann man genauer auf die speziellen Bedingungen der einzelnen Teilmärkte eingehen. Und das erhöht natürlich die Erfolgswahrscheinlichkeit der Marketingmaßnahmen.

Die Bildung von Teilmärkten kann unter folgenden Gesichtspunkten erfolgen:

- Produktmerkmale, z.B. Aufspaltung des Gesamtmarktes für Bildung in Ausbildung, Umschulung, Weiterbildung und Studium;
- Funktionen, z.B. Aufspaltung des Gesamtmarktes für Reisen in die Teilmärkte Erholungsreisen, Abenteuerreisen und Bildungsreisen (vgl. hierzu Bruhn: Marketing, 2008, S. 59);
- soziodemografische Zielgruppenmerkmale, z.B. Aufspaltung des Gesamtmarktes für Bekleidung in Herrenbekleidung, Damenbekleidung und Kinderbekleidung.

5.3.1 Anforderungen an Marktsegmentierungskriterien

Die einzelnen Marktsegmente, die gebildet werden, müssen allerdings bestimmten Anforderungen genügen:

- Die Marktsegmente sollten in sich möglichst homogen sein (also große Ähnlichkeit besitzen), sich von anderen Marktsegmenten aber möglichst deutlich unterscheiden.
- Sie sollten einen direkten Bezug zum Kaufverhalten der (potenziellen) Kunden besitzen.
- Die Teilmärkte sollten über einen längeren Zeitraum hinweg möglichst stabil bleiben.
- Die Kriterien zur Bildung der Teilmärkte sollten so gewählt werden, dass sie mit Marktforschungsmethoden messbar sind.

5.3.2 Marktsegmentierungsstrategien nach Abell

Derek F. Abell, einer der Begründer des strategischen Managements, hat fünf grundlegende Strategien zur Marktbearbeitung entwickelt:

1. Strategie der Gesamtmarktabdeckung (= undifferenziertes Marketing oder Massenmarktstrategie); hier bietet ein Unternehmen alle seine Produkte auf allen Teilmärkten an (z.B. Hausboote, Wohnwagen und Yachten in den drei Teilmärkten Deutschland, Österreich und Niederlande). *Vorteil*: Risikostreuung für den Fall, dass ein Marktsegment nicht mehr so gut „funktioniert"; *Nachteil*: hohe Kosten.
2. Strategie der Produktspezialisierung (= differenziertes Marketing); hier bietet ein Unternehmen ein Produkt auf mehreren Teilmärkten an (z.B. Wohnwagen in Deutschland, Österreich und den Niederlanden). *Vorteile*: Die hohe Produktqualität und die Stückkostendegression, die man durch die Spezialisierung erreichen könnte; *Nachteil*: das Risiko durch sehr hohe Abhängigkeit von einem einzigen Produkt – wenn das vom Markt nicht mehr ausreichend angenommen wird, kann man nicht auf ein zweites Produkt ausweichen.
3. Strategie der Marktspezialisierung (= differenziertes Marketing); hier bietet ein Unternehmen mehrere Produkte auf einem einzigen Teilmarkt an (z.B. Hausboote, Wohnwagen und Yachten ausschließlich in Österreich). *Vorteil*: sehr genaue Kenntnis des ausgewählten Teilmarktes; *Nachteil*: man verzichtet auf andere Teilmärkte, die evtl. lukrativ wären.

4. Strategie der Nischenspezialisierung (= konzentriertes Marketing); hier bietet ein Unternehmen ein einziges Produkt auf einem einzigen Teilmarkt an (z.B. Yachten in Österreich). *Vorteil*: die sehr überschaubare Kostensituation und die sehr genaue Kenntnis des Marktsegments; *Nachteil*: die extrem hohe Abhängigkeit von diesem einen Produkt und diesem einen Teilmarkt (hohes Risiko!).

5. Strategie der selektiven Spezialisierung; hier ist ein Unternehmen auf mehreren lukrativen Teilmärkten aktiv und bietet dort jeweils unterschiedliche Produkte an (z.B. Hausboote und Yachten in Deutschland, Wohnwagen aber nur in den Niederlanden). *Vorteil*: die Konzentration auf lukrative Nischen: man kümmert sich nur um die Teilmärkte, auf denen es sich wirklich lohnt, kann zugleich aber das Risiko streuen. *Nachteil*: Man hat als Anbieter kein klares Profil im Markt.

Anhand der folgenden Grafik (Abbildung 5.2) werden die Unterschiede zwischen den einzelnen Marktsegmentierungsstrategien deutlich:

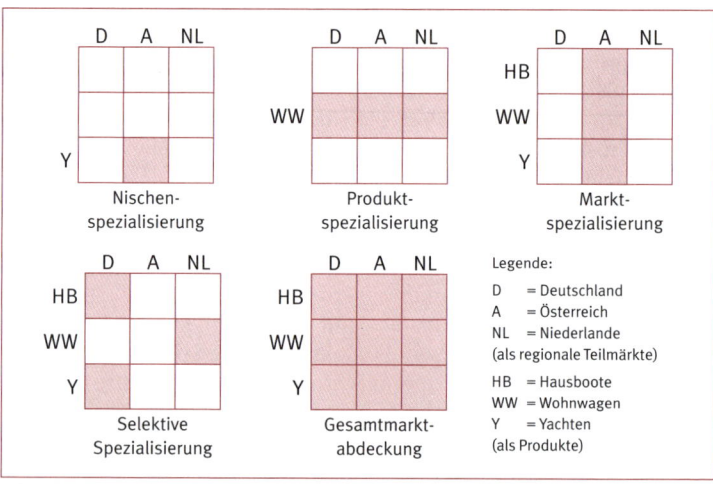

Abb. 5.2:   Marktsegmentierungsstrategien nach Abell (Engler 2007, eigene Darstellung)

Wenn Sie sich für eine dieser Marktbearbeitungsstrategien entscheiden, sollten Sie die einzelnen Strategien u.a. anhand der folgenden Kriterien bewerten:

- Wie hoch sind die Kosten der Marktbearbeitung?
- Wie groß ist das Absatz- und Umsatzpotenzial?
- Wie hoch sind die Abhängigkeiten? Ist eine Risikostreuung über mehrere „Standbeine" möglich?
- Kann man ein klares Profil im Markt aufbauen?

5.4 Marketingziele

Ein Ziel ist zunächst einmal ein angestrebter Zustand. Dabei geht es natürlich meistens um eine positive Veränderung gegenüber dem Ist-Zustand, also eine Steigerung der Einnahmen oder eine Erhöhung der Kundenzahl. Der Soll-Zustand soll besser sein als die Situation, die man gerade vorfindet.

> *Im Marketing unterscheidet man zwischen ökonomischen und psychologischen Zielen.*

5.4.1 Ökonomische Marketingziele

Die ökonomischen Marketingziele werden auch als quantitative Marketingziele bezeichnet, weil es bei diesen Zielen immer um bestimmte (zählbare) Mengen geht.

Wichtige ökonomische Marketingziele sind beispielsweise:

Gewinnung neuer Kunden
Je mehr Kunden wir haben, desto mehr Absatz und Umsatz können wir erzielen und desto geringer ist unsere Abhängigkeit von jedem einzelnen Kunden. Die Kundengewinnung ist natürlich insbesondere in der Markteinführungsphase von besonderer Bedeutung.

Absatzsteigerung
Absatz = verkaufte Menge (x)

Umsatzsteigerung
Umsatz (U) = Verkaufserlöse, also Stückpreis · verkaufte Stückzahl, p · x

Erhöhung des Marktanteils
Je mehr Kunden unser Produkt kaufen, desto größer ist unser (mengen-mäßiger) Marktanteil, gemessen an den Kunden. Je mehr Produkte wir verkaufen, desto größer ist unser (mengenmäßiger) Marktanteil, gemessen am Gesamtabsatz der Branche. Je mehr Umsatz wir machen, desto größer ist unser (wertmäßiger) Marktanteil, gemessen am Branchenumsatz. – Ein hoher Marktanteil erhöht die Handlungsfähigkeit eines Unternehmens und verbessert die „Überlebenschancen" in Krisensituationen.

Steigerung des Gewinns
Gewinn (G) = Umsatz – Kosten (wenn U > K, sonst: Verlust)

Um die ökonomischen Marketingziele erreichen zu können, muss man aber zunächst die psychologischen Marketingziele erreichen.

5.4.2   Psychologische Marketingziele

Die psychologischen Marketingziele werden auch als qualitative Marketingziele bezeichnet. Wichtige psychologische Marketingziele sind beispielsweise:

Steigerung des Bekanntheitsgrades
Je mehr Menschen unser Unternehmen kennen, desto größer ist die Wahrscheinlichkeit, dass viele Menschen unser Produkt kaufen, also Kunden unseres Unternehmens werden.

Verbesserung des Unternehmens- oder Produktimages
Je besser das Image eines Unternehmens (oder Produkts) ist, desto höher ist die Kaufbereitschaft.
Image = Vorstellung (Bild) von einer Sache

Information/„Aufklärung" der (potenziellen) Kunden
Je besser man den Kunden im Vorfeld über die Produkteigenschaften und die Art der Leistungserbringung aufklärt, desto geringer ist das Risiko einer Fehlentscheidung für den Kunden. Er weiß, worauf er sich einlässt – und kann sich nach gründlicher Abwägung aller Fakten bewusst dafür oder dagegen entscheiden.

Abbau kognitiver Dissonanzen

Durch die Nachkaufbestätigung kann der Anbieter beim Kunden Unsicherheiten reduzieren, die nach dem Kauf gelegentlich auftreten können (sogenannter „Kaufkater"), insbesondere bei High-Involvement-Käufen. Kognitive Dissonanzen = verstandesmäßige Unstimmigkeiten

Erhaltung (oder Erhöhung) der Kundenzufriedenheit

Je genauer die Leistung den Erwartungen des Kunden entspricht, desto zufriedener ist der Kunde. Da Menschen (und demnach auch Kunden) dazu neigen, ihr persönliches Risiko von Fehlentscheidungen so weit wie möglich zu reduzieren, kaufen zufriedene Kunden gern immer wieder beim gleichen Anbieter.

Kundenbindung

Je länger ein Kunde bei einem Anbieter kauft, desto rentabler ist der Umsatz, den er verursacht. Aus Anbietersicht lassen sich die Werbekosten für die Kundengewinnung auf mehrere Jahre „umlegen" und werden damit – pro Kunde – deutlich reduziert. Darüber hinaus entstehen kaum noch Fehlerkosten, weil Kunde und Anbieter bereits aufeinander „eingespielt" sind. (Das ist insbesondere im B2B-Marketing wichtig.) – Eine hohe Kundenbindung erhöht die Gewinnspanne pro Kunde.

5.4.3 Anforderungen an Marketingziele

Marketingziele müssen realistisch sein. Es hat keinen Sinn, Luftschlösser zu bauen und irgendwelchen Träumen nachzujagen. Im Marketing geht es um die Gestaltung von Marktpositionen für Unternehmen bzw. Produkte. Davon hängen oft hunderte Arbeitsplätze ab. Hier ist kein Platz für verspielte Fantastereien.

Marketingziele müssen messbar sein. Nach der Durchführung der Marketingmaßnahmen muss man überprüfen können, ob das gesteckte Ziel erreicht wurde. In Marketingmaßnahmen wie Produktentwicklung oder Werbekampagnen fließen oft mehrere Millionen Euro. Da will man wissen, ob sich die Investition gelohnt hat.

Marketingziele müssen präzise formuliert sein. Damit man das unternehmerische Handeln an der Zielsetzung ausrichten kann, muss klar vorgegeben sein, was wann und wo erreicht werden soll. Zur korrekten Zielformulierung gehört, dass man ...

- das Zielobjekt,
- den Zielinhalt,
- das Zielausmaß,
- den Zielraum und
- den Zielzeitraum (oder den Zielzeitpunkt) genau bestimmt.

		Beispiel
Korrekt ausformuliertes Marketingziel		
Zielinhalt	**Zielobjekt**	**Zielraum**
Steigerung des Absatzes	*von Farblaserdruckern*	*in Berlin*
um 5 %	*im lfd. Geschäftsjahr*	*gegenüber dem Vorjahr*
Zielausmaß	**Zielzeitraum**	

Und schließlich müssen Marketingziele gut aufeinander abgestimmt sein. Da man meistens nicht nur ein Ziel, sondern gleichzeitig mehrere Ziele verfolgt, müssen die einzelnen Ziele miteinander harmonieren.

Zwei miteinander harmonierende Marketingziele, die sich gegenseitig unterstützen, wären beispielsweise die Steigerung der Produktqualität und die Verbesserung des Produktimages.

Zwei Ziele, die keinen Einfluss aufeinander haben, nennt man indifferent. Das ist sehr selten, tritt aber gelegentlich auf. Ein Beispiel hierfür wäre die Steigerung des Bekanntheitsgrades in Verbindung mit der Steigerung des Unternehmensgewinns.

Ziele können aber auch miteinander konkurrieren und sich so gegenseitig in ihrer Wirkung behindern, z.B. Durchsetzung von Preissteigerungen (bei gleicher Leistung) und Erhöhung der Kundenzufriedenheit. Eine solche Zielkonkurrenz sollte man vermeiden.

Bei der Ausformulierung von Marketingzielen arbeitet man in der Praxis oft mit dem **SMART-Modell**.

S	specific	**spezifisch** (und unmissverständlich) für den jeweiligen Sachbereich
M	measurable	**messbar** (z.B. in konkreten Zahlen/Werten überprüfbar)
A	achievable	**anspruchsvoll** (attraktiv, motivierend) und **aufeinander abgestimmt**
R	relevant	**relevant** (und **realistisch**), also die tatsächlichen Prioritäten (keine Nebenkriegsschauplätze) und tatsächlich erreichbar
T	time-based	**terminiert** (auf bestimmte Meilensteine und den Endtermin zurechenbar)

Beispiel für ein mit dem SMART-Modell formuliertes Ziel (aus Sicht eines Bildungsträgers): Bei der Jubiläumsfeier anlässlich unseres 20. Geburtstages am 31.03.2012 sollen 800 Gäste anwesend sein, davon mindestens 50 Vertreter der regionalen Wirtschaft und mindestens 30 Vertreter aus Politik und Verwaltung (z.B. Job-Center und IHK). Das ist spezifisch (Gäste aus bestimmten Bereichen), messbar (Anzahl der Gäste) und terminiert (31.03.2012).

5.4.4 Marketingziele im unternehmerischen Zielsystem

Marketing ist eine unternehmerische Denkhaltung, beeinflusst also in der Konsequenz alle Bereiche des Unternehmens (vorausgesetzt, die Geschäftsführung versteht genug von Marketing). Dabei ist das Marketing nicht nur eine Denkhaltung („Philosophie"), sondern in Verbindung mit dem Vertrieb/Verkauf auch eine der fünf typischen betrieblichen Grundfunktionen:

- Beschaffung (Einkauf)
- Produktion (Fertigung)
- Marketing/Vertrieb (Absatz)
- Personalwesen/Organisation
- Rechnungswesen/Finanzen

Die Marketingziele müssen sich daher ins unternehmerische Zielsystem einfügen.

Abb. 5.3:   Zielpyramide

Dabei plant man so, dass alle Ziele zusammen ein schlüssiges Gesamtbild ergeben und sich nicht gegenseitig in ihrer Wirkung behindern. Das Unternehmen muss ein einheitliches, nachvollziehbares Auftreten am Markt haben – sonst verwirrt man seine Kunden und Marktpartner nur. Und das trägt dann nicht gerade zur Vertrauensbildung bei. Doch genau darum geht es: um die „Gewinnung des öffentlichen Vertrauens". Das hat Hans Domizlaff bereits 1932 in seinem gleichnamigen Marketinglehrbuch formuliert, und das gilt noch heute unverändert. Er schrieb damals: „*Eine Marke hat ein Gesicht wie ein Mensch.*" – Stimmt. Nur mit einem berechenbaren Auftreten und verlässlicher Qualität kann ein Unternehmen seine Kunden nachhaltig überzeugen. Kundenbindung basiert nun einmal auf Zufriedenheit und Vertrauen.

5.5 Marketingstrategien

Eine Marketingstrategie ist eine (übergeordnete) mittel- bis langfristige Planungsvorgabe, mit der man grundsätzlich festlegt, wie die Marketingziele des Unternehmens erreicht werden sollen. Daran haben sich alle Funktionsbereiche im Marketing (Produktentwicklung, Vertrieb, Werbung etc.) in ihrer Maßnahmenplanung zu orientieren. Die Marketingstrategie ist also kein detaillierter Plan, sondern eine allgemeine Verhaltensvorgabe für alle folgenden Arbeitsschritte.

Beispiel

Die Marketingstrategie für ein romantisches kleines Schlosshotel mit zwanzig Zimmern in der Nähe einer Kleinstadt mit historischer Bausubstanz könnte so formuliert werden:

Wir setzen auf Individualität, nicht auf Massenabfertigung. Die Ausstattung der Zimmer und des Restaurants entspricht dem historischen Schlosscharakter und gibt dem Gast das Gefühl, in eine längst vergangene Zeit einzutreten. Er wird Teil der Geschichte und lebt für einige Tage in einer anderen Welt.
Dabei zeichnen wir uns durch natürliche Freundlichkeit aus, wenn wir den Gast in unserer Welt empfangen. Wir sind keine Unterkunft – wir sind herzliche Gastgeber, die sich über den netten Besuch freuen.

Wir bieten dem Gast eine fast private Atmosphäre, in der er für einige Tage zu Hause ist. Er soll sich bei uns als Gast, nicht als Kunde fühlen. Beispiel: Die Anmelde- und Abrechnungsmodalitäten sind entsprechend unkompliziert gestaltet. Zu beiden Anlässen gibt es kleine Aufmerksamkeiten für den Gast, um dem Prozedere ein wenig die kommerzielle Note zu nehmen.

Natürlich können Marketingstrategien auch viel sachlicher und knapper formuliert werden. Es gibt keine Richtlinien, wie man eine Marketingstrategie zu gestalten hat. Wichtig ist nur, dass die Strategie langfristig tragfähig ist und den grundsätzlichen Rahmen für alle darauf basierenden Maßnahmen vorgibt. Deshalb kann es nicht schaden, im Rahmen der Strategieformulierung ein Beispiel für eine Anwendung zu geben (wie in unserem Fall die Beschreibung der Abrechnungsmodalitäten im Schlosshotel).

Welchen Aspekt man bei der Formulierung der Marketingstrategie besonders betont, liegt im Ermessen des Marketingverantwortlichen. Deshalb stehen auch mehrere strategische Ansätze gleichberechtigt nebeneinander.

Die bereits vorgestellten Marktbearbeitungsstrategien (Marktsegmentierungsstrategien) nach Derek F. Abell beziehen sich darauf, dass die Angebote eines Unternehmens in verschiedenen Teilmärkten unterschiedlich angenommen werden. Deshalb überlegt man als Anbieter, welche Produkte man in welchen Teilmärkten anbietet. Das Engagement soll sich schließlich lohnen.

Neben den Marktsegmentierungsstrategien gibt es noch einige andere wichtige Modelle zur strategischen Ausrichtung von Unternehmen und Produkten. Besonders hervorzuheben sind die

- Wettbewerbsstrategien nach Michael Porter,

- Marktstimulierungsstrategien nach Jochen Becker,

- Marktstrategien (Produkt-Markt-Matrix) nach Igor Ansoff.

5.5.1 Wettbewerbsstrategien nach Porter

Michael Porter ist einer der weltweit führenden Wettbewerbsstrategen. Seine Aussage ist: Unternehmen müssen entweder Kosten- oder Leistungsvorteile aufbauen, um sich gegen den Wettbewerb behaupten zu können – und sie müssen eine klare Entscheidung treffen, ob sie den Gesamtmarkt oder lediglich einen Teilmarkt abdecken wollen. Unentschieden in der Masse zu schwimmen, ohne klares Profil, ist ausgesprochen gefährlich. (Außerdem ist dies auch keine wirkliche Strategie.)

Porter hat vier Grundstrategien entwickelt, mit denen sich Unternehmen im Markt positionieren können:

● Qualitätsführerschaft (auch: Premiumstrategie, Präferenzstrategie, Hochpreisstrategie)

● Preisführerschaft (auch: Discountstrategie, Preis-Mengen-Strategie, Niedrigpreisstrategie)

● Selektive Qualitätsführerschaft

● Selektive Preisführerschaft

Dies ist in der folgenden Abbildung anschaulich dargestellt und in die beiden Dimensionen Leistung/Kosten sowie Gesamt- und Teilmarktabdeckung eingeordnet.

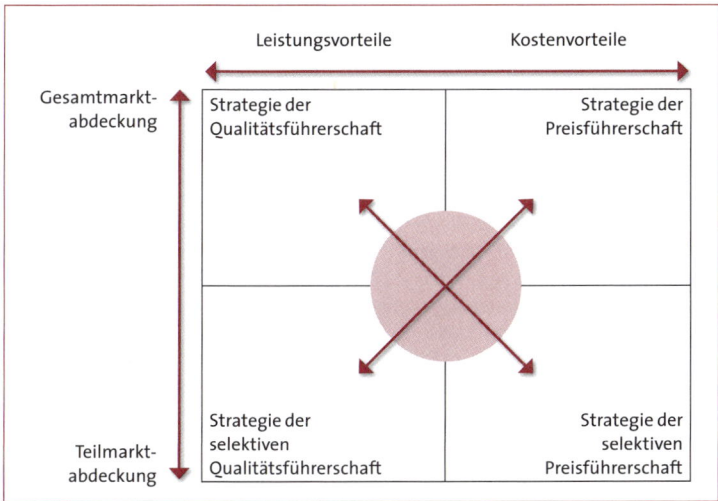

Abb. 5.4: Wettbewerbsstrategien nach Porter (in Anlehnung an Bruhn: Marketing, 2004, S. 76)

Die vier Strategien nach Porter im Einzelnen

Qualitätsführerschaft
*Hier ist ein Unternehmen auf dem Gesamtmarkt aktiv. Es bietet alle seine Produkte auf allen Teilmärkten an (siehe 5.3.2) und profiliert sich gegenüber dem Wettbewerb überall mit echten Leistungsvorteilen. Diese kann man durch besonderes Design, besondere Technik oder besonderen Service erreichen. Weil man mit diesen Leistungsvorteilen den Anforderungen der Kunden besser gerecht werden kann, dem Kunden also eine höhere Qualität bietet als die Konkurrenz, spricht man von Qualitätsführerschaft.
Beispiel: Mercedes-Benz (hohe Qualität, alle Fahrzeugklassen)*

Selektive Qualitätsführerschaft
*Hier ist ein Unternehmen nicht auf dem Gesamtmarkt, sondern nur in einem Teilmarkt aktiv (= Nischenstrategie). Die Profilierung gegenüber dem Wettbewerb erfolgt ebenfalls – wie bei der umfassenden Qualitätsführerschaft – über Leistungsvorteile. Dabei konzentriert man sich natürlich auf besonders lukrative Nischen.
Beispiel: Porsche (hohe Qualität, nur Sportwagen und Geländewagen)*

Preisführerschaft
*Hier ist ein Unternehmen auf dem Gesamtmarkt aktiv. Es bietet alle seine Produkte auf allen Teilmärkten an und profiliert sich überall mit niedrigen Preisen gegenüber dem Wettbewerb. Diese niedrigen Preise resultieren aus geringen Kosten – beispielsweise aufgrund von Mengenrabatten im Einkauf, Standortvorteilen (geringe Lohnkosten) oder standardisierter Massenfertigung (Stückkostendegression, Erfahrungskurveneffekt). Die durch Kostenreduktion freigesetzten Mittel werden in Form von Preisvorteilen an den Kunden „weitergereicht".
Beispiel: easyJet (sehr günstige Preise, fast alle Reiseziele)*

Selektive Preisführerschaft
*Hier ist ein Unternehmen nicht auf dem Gesamtmarkt, sondern nur in einem Teilmarkt aktiv (= Nischenstrategie). Die Profilierung gegenüber dem Wettbewerb erfolgt ebenfalls – wie bei der umfassenden Kostenführerschaft – über Kostenvorteile, die als Preisvorteile teilweise (nicht vollständig) an den Kunden „weitergereicht" werden.
Beispiel: KiK Textil-Diskont (günstige Preise, ausschließlich Textilien)*

5.5.2 Marktstimulierungsstrategien nach Becker

Jochen Becker betont bei der Entwicklung der Marketingstrategie besonders den Aspekt des stärksten Kaufanreizes (Stimulus). Er erfasst – genau wie Porter – den Preis und die Qualität als stärkste Anreize im Markt.

Die Qualität muss dabei aber keinen objektiv messbaren Leistungsvorteil eines Produkts darstellen, sondern kann einfach aus der subjektiven Einschätzung des Konsumenten resultieren, dass er ein Produkt mehr mag als das andere. Das Produkt muss nicht besser sein. Der Kunde muss es nur mehr mögen, z.B. aufgrund der Farbe.

Wir erinnern uns: Qualität bezeichnet den Grad der Übereinstimmung der Eigenschaften einer Leistung mit den Anforderungen an diese Leistung. Wenn der Kunde braune Cola lieber mag als durchsichtige Cola, obwohl die beiden Produkte bis auf die Farbstoffe komplett identisch sind, dann hat die braune Cola für ihn eine höhere Qualität als die durchsichtige. (Den Versuch, durchsichtige Cola auf den Markt zu bringen, gab es übrigens in den 1990er-Jahren wirklich: Crystal Pepsi. Leider erfolglos.)

Präferenzstrategie
Der Kunde soll das Produkt aufgrund bestimmter Leistungsmerkmale den Konkurrenzprodukten vorziehen, also Präferenzen (= Vorlieben) hinsichtlich dieses einen Produkts entwickeln. Die von Porter skizzierte Strategie der Qualitätsführerschaft, die auf echte Leistungsvorteile setzt, ist eine Präferenzstrategie. Das gilt für die umfassende ebenso wie für die selektive Qualitätsführerschaft, also sowohl im Gesamtmarkt (Massenmarktstrategie) als auch in einem speziellen Teilmarkt (Nischenstrategie).

Im Rahmen der Präferenzstrategie (= Premiumstrategie, Qualitätsführerschaft, Hochpreisstrategie) sollte der Anbieter sich darum bemühen, einen USP aufzubauen. USP steht für „Unique Selling Proposition" und bezeichnet ein „einzigartiges" Verkaufsargument, ein Alleinstellungsmerkmal, mit dem das Angebot sich positiv vom Wettbewerbsumfeld abhebt. Damit liefert der Anbieter dem (potenziellen) Kunden ein Argument, so dass dieser sich bewusst für (oder gegen) eine bestimmte Marke entscheiden kann. Der USP dient also der Positionierung eines Produkts / einer Marke im Wettbewerbsumfeld. Oft ist ein echter USP auf der Basis technologischer / funktionaler Überlegenheit eines Angebots nicht mehr möglich (oder im Zuge des harten internationalen Wettbewerbs nicht lange haltbar). Daher suchen zahlreiche Anbieter nach Möglichkeiten der Markenpositionierung durch einen UAP (= Unique Advertising Proposition) bzw. UCP (Unique Communication Proposition).

Präferenzen lassen sich nicht nur über die Produkteigenschaften, sondern auch über die Werbung schaffen. Der Kunde kann beispielsweise eine Biermarke bevorzugen, nur weil ihm die Art der Ansprache und das in der Werbung vermittelte Lebensgefühl besser gefällt als bei einer anderen Biermarke – auch wenn die Produkte im Geschmackstest keine signifikanten Unterschiede aufweisen. So könnte z. B. ein Verbraucher für seine Party gezielt Störtebeker-Pilsener („Das Bier der Gerechten") kaufen, weil er seinen Gästen nicht irgendein „Mainstream-Bier" servieren will, das alle kennen, sondern etwas ganz Besonderes, Außergewöhnliches. (Vgl. hierzu: www.stoertebeker.com)

Die Präferenzstrategie zielt auf die Entwicklung des Markenbewusstseins der Konsumenten.

Preis-Mengen-Strategie

Man kann als Anbieter aber auch einfach seine Produkte sehr preiswert anbieten. Auch das erzeugt Nachfrage. Der Preis ist ein enorm wichtiger Anreiz, sich für ein bestimmtes Produkt zu entscheiden. Bei der Preis-Mengen-Strategie bietet man eine bestimmte Menge eines Gutes mit normaler (durchschnittlicher) Qualität zu einem besonders günstigen Preis an.

Von der Preis-Mengen-Strategie spricht man, weil der Preis allein nichts aussagt, sondern erst in Verbindung mit einer bestimmten Menge des nachgefragten Gutes.

Hierzu ein Beispiel: Eine ältere Dame, die nur 20 Inlandsgespräche pro Monat führt, hat monatlich etwa 25 Euro Telefonkosten (inkl. der Grundgebühren). Ein freiberuflicher Versicherungsagent, der monatlich etwa 1.000 Inlandsgespräche führt, zahlt für seine Telefon- und Internet-Flatrate etwa 50 Euro im Monat. Der Versicherungsagent zahlt doppelt so viel wie die ältere Dame; bei seiner Verbrauchsmenge ist der Preis pro Telefoneinheit aber deutlich geringer.

Der Preis muss also immer in Relation zur Nutzungsstruktur (z.B. Monatsverbrauch = Menge) gesehen werden. Erst jetzt kann man entscheiden, ob ein Preis hoch oder niedrig ist.

5.5.3 Marktstrategien (Produkt-Markt-Matrix) nach Ansoff

Die Produkt-Markt-Matrix von Igor Ansoff unterscheidet zwischen
- bestehenden (bekannten) Märkten und
- neuen (unbekannten) Märkten,

die beide mit
- bestehenden (bewährten) Produkten oder
- neuen (unbekannten) Produkten

bearbeitet werden können.

Die Matrix gibt Handlungsempfehlungen für die einzelnen Kombinationen zwischen Märkten und Produkten.

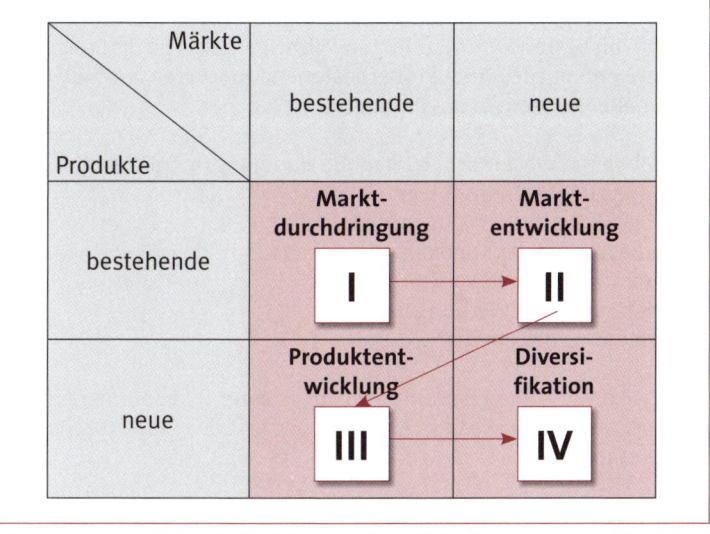

Abb. 5.5:   Produkt-Markt-Matrix nach Ansoff (in Anlehnung an Nieschlag/ Dichtl/Hörschgen: Marketing, 2002, S. 900)

Dabei sind die Handlungsempfehlungen nicht als Dogma zu verstehen, sondern lediglich als grundsätzliche Normstrategien, die auf Schätzungen zu Absatzchancen, Investitionsaufwand und benötigter Zeit für die Kundengewinnung und den Vertriebsaufbau basieren.

Es stellt einen deutlichen Unterschied dar, ob man sich als Anbieter auf einem Markt bereits auskennt oder ob man einen neuen Markt erschließen will, in den man sich erst einarbeiten muss. Außerdem ist es grundsätzlich sicherer, mit bereits bestehenden Produkten zu arbeiten, als neue Produkte zu entwickeln und auf den Markt zu bringen. Bei den bestehenden, am Markt bewährten Produkten weiß man, was man hat. Bei neuen Produkten weiß man nicht, ob sie sich am Markt durchsetzen können. (Das Risiko eines Flops kann aber durch Marktforschung erheblich reduziert werden.)

Die römischen Zahlen in der Matrix bezeichnen die bevorzugten Handlungsempfehlungen – abgestuft nach der Erfolgswahrscheinlichkeit.

Marktdurchdringungsstrategie

Bei der Strategie der Marktdurchdringung bearbeitet man bestehende Märkte mit bestehenden Produkten. Wichtige Ziele sind die Steigerung der Verwendung des Produkts bei bestehenden Kunden und die Gewinnung neuer Kunden für das Produkt.

Hier gibt es im Wesentlichen folgende Handlungsmöglichkeiten:
- Ausbau des Vertriebsnetzes,
- Verstärkung des persönlichen Verkaufs,
- Verbesserung des Kundendienstes,
- Verstärkung der Verkaufsförderung,
- Verstärkung der Werbung und
- Absenkung des Preises.

Das Risiko, mit seinen Bemühungen zu scheitern, ist sehr gering, weil man als Anbieter den Markt bereits kennt und das Produkt schon am Markt etabliert ist.

Marktentwicklungsstrategie

Bei der Strategie der Marktentwicklung bearbeitet man neue Märkte mit bestehenden Produkten. Wichtige Ziele sind die Gewinnung neuer Kunden für das Produkt und die Erschließung neuer Marktsegmente (z.B. Absatzgebiete). Die neuen Marktsegmente sind wichtig, um die dort bestehenden Absatzpotenziale auszuschöpfen und um die Abhängigkeit vom bisherigen Markt zu verringern (Aufbau eines „zweiten Standbeins").

Hier gibt es im Wesentlichen folgende Handlungsmöglichkeiten:
- Aufbau von Vertriebsstrukturen in neuen Absatzregionen,
- Werbung und Verkaufsförderung in den neuen Märkten,
- Kooperationen oder Joint Ventures mit Anbietern in den neuen Zielmärkten,
- Aufkaufen von bereits etablierten Anbietern oder Absatzmittlern in den neuen Zielmärkten (z.B. bei Internationalisierung).

Das Risiko, mit seinen Bemühungen zu scheitern, ist relativ hoch, weil man den Markt nicht kennt. Ob die im alten Markt bewährten Produkte im neuen Markt gut ankommen, weiß niemand. Für eine erfolgreiche Marktentwicklung sind viel Durchhaltevermögen und Finanzkraft erforderlich. Das Risiko lässt sich durch Kooperationen, Joint Ventures und Zukauf aber erheblich reduzieren, wenn man sich dabei an etablierte „Einheimische" hält, die ihren Markt kennen.

Produktentwicklungsstrategie

Bei der Strategie der Produktentwicklung bearbeitet man bestehende Märkte mit (für den Anbieter) neuen Produkten. Wichtige Ziele sind die Gewinnung neuer Kunden, die Erschließung neuer Marktsegmente (Teilmärkte) und die Erhaltung der Wettbewerbsfähigkeit des Unternehmens durch marktgerechte Innovationen.

Hier gibt es im Wesentlichen folgende Handlungsmöglichkeiten:
- intensive Marktforschung im Vorfeld der Produktentwicklung und der Markteinführung neuer Produkte,
- Investitionen in marktgerechte Forschung & Entwicklung,
- Zukauf von Patenten, Rechten und Lizenzen,
- handelsgerichtete Werbung und Verkaufsförderung zur Produkteinführung,
- konsumentengerichtete Werbung und Verkaufsförderung zur Produkteinführung,
- Beteiligung an Fach- und Publikumsmessen mit begleitenden PR-Maßnahmen (PR = Public Relations / Öffentlichkeitsarbeit).

Das Risiko, mit seinen Bemühungen zu scheitern, ist hoch, weil man nicht weiß, ob der Markt das neue Produkt annimmt oder nicht. Allerdings bewegt man sich hier in bekannten Märkten und kennt die Absatzmittler. Mit gründlicher Marktforschung kann man das Risiko erheblich reduzieren. (Aber eine Garantie für den Erfolg kann natürlich auch die Marktforschung nicht bieten.)

Diversifikationsstrategie

Bei der Diversifikation bearbeitet man neue Märkte mit (für den Anbieter) neuen Produkten. Die alten Märkte werden weiterhin mit bestehenden Produkten bearbeitet; bei der Diversifikation kommen allerdings zusätzlich zum Stammsortiment neue Angebote hinzu. Es handelt sich also hier um eine Sortimentserweiterung. Wichtige Ziele sind die Erschließung neuer Marktsegmente (z.B. Absatzgebiete oder Geschäftsfelder), die Absatz- und Umsatzsteigerung durch das Erzielen von Verbundeffekten, die Bindung bestehender Kunden und die Gewinnung neuer Kunden. Mit neuen Leistungen bietet man seinen bisherigen Kunden einen höheren Nutzen ("alles aus einer Hand"), spricht aber gleichzeitig auch neue Zielgruppen an.

Bei der Diversifikationsstrategie unterscheidet man zwischen
- horizontaler,
- vertikaler und
- lateraler Diversifikation.

Horizontale Diversifikation

Die horizontale Diversifikation ist eine Sortimentserweiterung auf der gleichen Wirtschaftsstufe, ausgehend vom Stammsortiment. Die neu ins Sortiment aufgenommenen Angebote weisen dabei einen direkten Bezug zum Stammsortiment auf.

Das ist z.B. der Fall, wenn ein Hersteller von Babynahrung (Stammsortiment) zusätzlich noch Fruchtsäfte produziert (Sortimentserweiterung). Babynahrung und Fruchtsäfte entstehen beide aus der Verarbeitung von Rohstoffen, liegen also auf der gleichen Wirtschaftsstufe (daher: horizontal).

Ein großer Vorteil der horizontalen Diversifikation ist, dass man hier die gleichen Marktbeziehungen nutzen kann (z.B. Beziehungen zum Handel) und oft sogar die gleichen Arbeitskräfte und deren Know-how. Man muss aber aufpassen, dass man mit der Aufnahme der neuen Angebote nicht das Profil seines Sortiments "verwässert". Die neuen Produkte müssen zu den alten passen und das Sortiment aus Kundensicht sinnvoll ergänzen.

Vertikale Diversifikation

Die vertikale Diversifikation ist eine Sortimentserweiterung auf einer vor- oder nachgelagerten Wirtschaftsstufe, ausgehend vom Stammsortiment. Die neuen Geschäftsfelder haben einen direkten Bezug zum Stammsortiment.

Beispiele

Vertikale Diversifikation auf der vorgelagerten Wirtschaftsstufe
Ein Hersteller von Babynahrung (Stammsortiment) erwirbt zusätzlich einen Bio-Bauernhof, um dort seine Möhrchen selbst anzubauen (Sortimentserweiterung). Klar: Der Bauernhof muss Rohstoffe (Möhrchen) liefern, damit die Babykost hergestellt werden kann. Er ist also der Babykost vorgelagert. Lieferanten (Rohstoffgewinner) sind immer den Produzenten (Rohstoffverarbeitern) vorgelagert, weil ja ohne die gelieferten Rohstoffe nicht produziert werden könnte.

Vertikale Diversifikation auf der nachgelagerten Wirtschaftsstufe
Ein großer Babynahrungsanbieter baut eine eigene kleine Ladenkette auf (oder kauft sie), um dort seine Produkte besonders gut platzieren zu können. Klar: Die Babynahrung (Stammsortiment) muss erst produziert sein, bevor sie im Handel (Sortimentserweiterung) verkauft werden kann. Die Produktion ist natürlich immer dem Handel vorgelagert, der Handel also der Produktion nachgelagert.

Ein großer Vorteil der vertikalen Diversifikation ist die Erhöhung der Wertschöpfungskette. Man verdient auf mehreren Wirtschaftsstufen mit – nicht mehr nur auf der Ebene des Stammsortiments. Rabatte, die man dem Handel hätte gewähren müssen, bleiben ebenso im eigenen Haus wie Gewinnspannen, die Lieferanten in ihre Verkaufspreise einkalkulieren. Ein weiterer Vorteil ist die weitgehende Unabhängigkeit von Lieferanten und Absatzmittlern. Aber dafür muss man natürlich auch das wirtschaftliche Risiko auf allen bedienten Wirtschaftsstufen (Rohstoffgewinnung, Produktion und Handel) tragen.

Sie sehen: Bei der Diversifikation geht es nicht immer nur um Produkte und Dienstleistungen, sondern oft um ganze Unternehmen, die an das „alte" Stammunternehmen angegliedert werden. Dabei kann es sich um Rohstoffgewinnungsunternehmen (Bio-Bauernhof), Handelsbetriebe (Bio-Laden) oder Produktionsbetriebe handeln. Das spielt insbesondere bei der vertikalen Diversifikation eine große Rolle.

Laterale Diversifikation
Die laterale Diversifikation ist eine Sortimentserweiterung um Angebote in Geschäftsfeldern, die keinen Bezug zum Stammsortiment haben.

Ein sehr gutes Beispiel für eine laterale Diversifikation ist der Aufbau einer Ladenkette durch den Kaffeeröster Tchibo. In den Läden werden neben Kaffee vor allem Haushaltsartikel, Bekleidung, Accessoires und Geschenkartikel angeboten. Tchibo hat dafür die eigene Marke TCM entwickelt.

Der große Vorteil der lateralen Diversifikation liegt darin, dass ein Anbieter mehrere lukrative Marktsegmente (Teilmärkte) gleichzeitig bedienen kann. So kann er sein unternehmerisches Risiko streuen und mehrere Zielgruppen zeitgleich ansprechen – gegebenenfalls mit unterschiedlichen Marken für die einzelnen Geschäftsfelder.

5.6   Gestaltung des Marketingmix

Nachdem man festgelegt hat, mit welcher Strategie man seine Marketingziele erreichen will, plant man den Einsatz der passenden Marketingmaßnahmen. Dabei schöpft man aus dem gesamten zur Verfügung stehenden Marketinginstrumentarium. Eine Übersicht bietet Abbildung 5.6 auf der folgenden Seite.

Das Ziel ist die Gestaltung eines wirksamen Marketingmix.

> *Ein Marketingmix ist die möglichst sinnvolle Kombination verschiedener Marketingmaßnahmen.*

Dabei gibt es normalerweise ein Leitinstrument, z.B. die Preispolitik. Auf der übernächsten Seite findet sich ein Beispiel für einen Marketingmix, der sich auf die Einführung einer Unternehmensmarke im Bereich Tourismus bezieht. Leitinstrument in diesem Beispiel ist die Kommunikationspolitik.

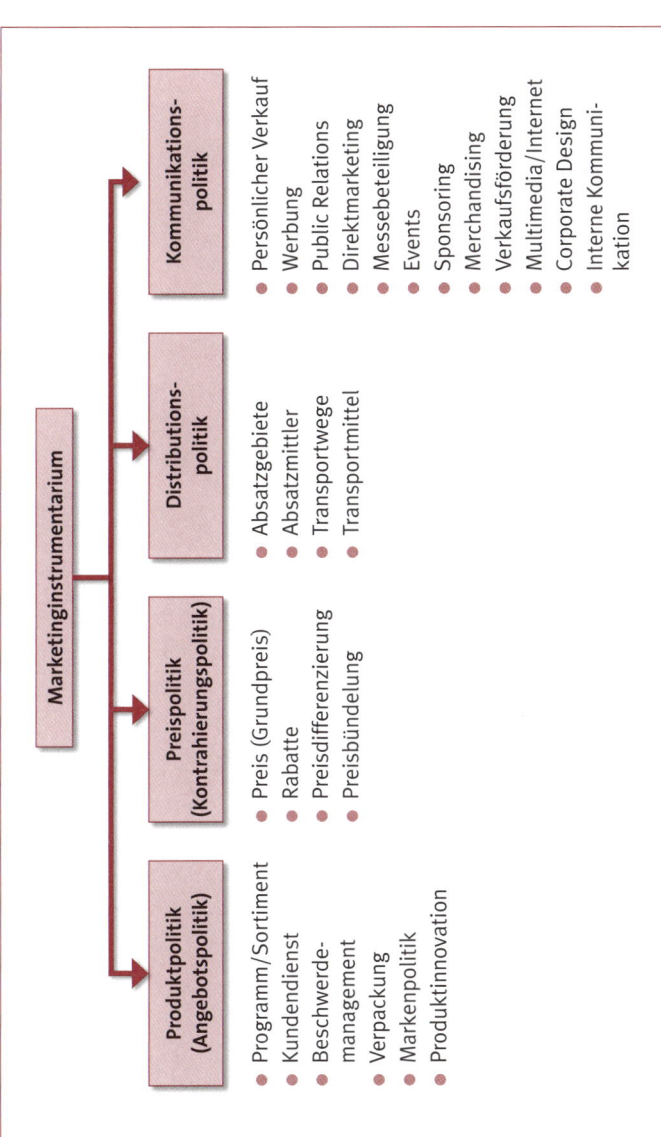

Marketinginstrumentarium

Produktpolitik (Angebotspolitik)
- Programm/Sortiment
- Kundendienst
- Beschwerdemanagement
- Verpackung
- Markenpolitik
- Produktinnovation

Preispolitik (Kontrahierungspolitik)
- Preis (Grundpreis)
- Rabatte
- Preisdifferenzierung
- Preisbündelung

Distributionspolitik
- Absatzgebiete
- Absatzmittler
- Transportwege
- Transportmittel

Kommunikationspolitik
- Persönlicher Verkauf
- Werbung
- Public Relations
- Direktmarketing
- Messebeteiligung
- Events
- Sponsoring
- Merchandising
- Verkaufsförderung
- Multimedia/Internet
- Corporate Design
- Interne Kommunikation

Abb. 5.6: Marketinginstrumentarium im Überblick (Engler, 2007, eigene Darstellung)

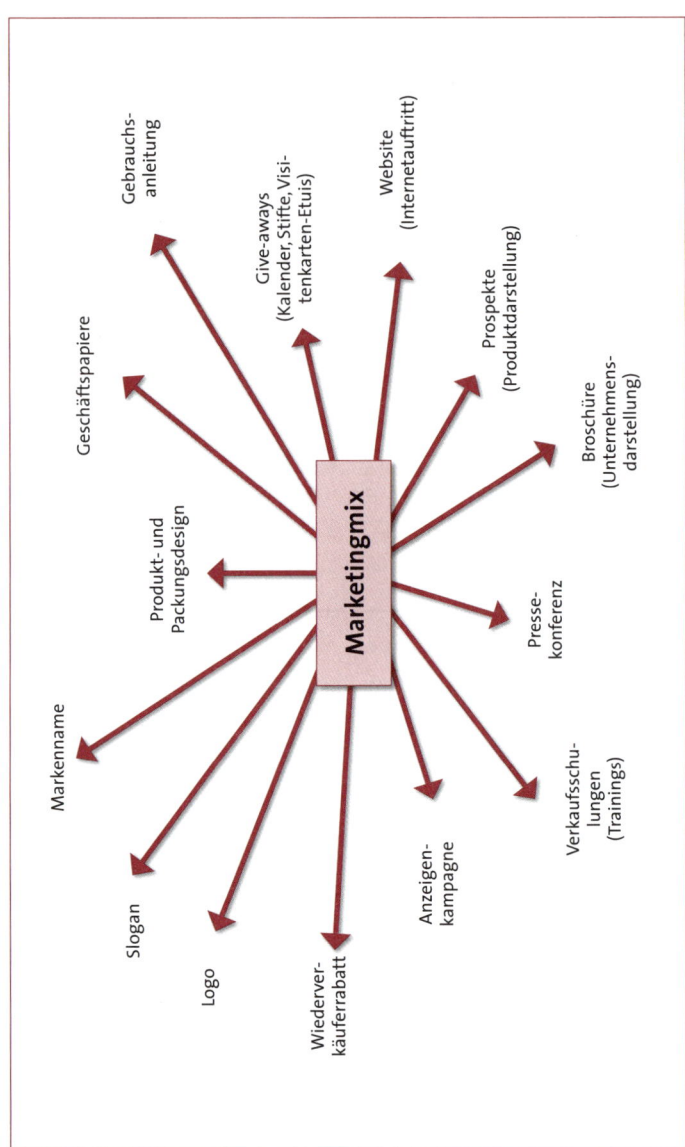

Abb. 5.7: Beispiel für einen (kommunikationslastigen) Marketingmix

5.7 Budgetierung

Die Umsetzung der geplanten Marketingmaßnahmen kostet natürlich auch Geld – in der Regel sogar sehr viel Geld. Wie man das Marketingbudget bestimmt, ist in der Praxis allerdings sehr umstritten. Das hängt auch stark von der Unternehmens- und Marktsituation ab. Im Wesentlichen gibt es sechs Modelle, die alle ihre spezifischen Vor- und Nachteile haben:

Ziel-Mittel-Methode

Bei der Ziel-Mittel-Methode wird das Budget anhand der Maßnahmen bestimmt, die erforderlich sind, um die Marketingziele zu erreichen. Man plant also erst die Maßnahmen und dann das Budget.

Vorteile	Nachteile
• Bedarfsgerechte Planung • Die zu erreichenden Ziele bestimmen, wie viel investiert wird; keine Verschwendung (es geht um das Erreichen der Marketingziele, nicht um das Ausgeben von verfügbarem Budget).	• Hoher Planungsaufwand • Budget ist im Konzern schwer durchsetzbar (Wirkung der Marketingmaßnahmen ist im Vorfeld nicht genau abschätzbar, daher ist die Investition sehr umstritten).

Prozyklische Budgetierung

Bei dieser Budgetierungsmethode wird das Budget erhöht, wenn der Umsatz steigt – und abgesenkt, wenn der Umsatz einbricht. Das Budget wird oft als ein bestimmter Prozentsatz vom Umsatz festgelegt.

Vorteile	Nachteil
• Es gibt keine großen Diskussionen um die Höhe des Budgets. • Der Umsatz steigt, wenn die Nachfrage steigt – durch intensive Marketingbemühungen kann man vom aktuellen Nachfragehoch möglicherweise noch stärker profitieren.	• Wenn der Umsatz sinkt, kann man nicht gegensteuern (Gefahr, dass die Marke „vergessen" wird).

Antizyklische Budgetierung

Bei der antizyklischen Budgetierung wird das Budget erhöht, wenn der Umsatz rückläufig ist – und abgesenkt, wenn der Umsatz wieder steigt.

Vorteil	Nachteil
• Man kann „gegensteuern", d.h. der negativen Umsatzentwicklung entgegenwirken.	• Wenn der Umsatz rückläufig ist, hat das einen Grund. – Es ist fraglich, ob man mit verstärkter Werbung oder Verkaufsförderung das Problem beseitigen kann (der Umsatzschwund kann ja auch in der schlechten wirtschaftlichen Lage begründet sein und dagegen hilft mehr Werbung leider gar nicht).

Vorjahres-Methode

Bei der Vorjahres-Methode bemisst sich das Budget üblicherweise am verbrauchten Budget des Vorjahres. Diese Budgetierungsmethode findet man häufig in Behörden. Was im einen Jahr ausgegeben wurde, hat man im nächsten Jahr wieder als Budget zur Verfügung.

Vorteil	Nachteile
• Hohe Planungssicherheit; man weiß, was man bekommt.	• Diese Methode ist überhaupt nicht bedarfsgerecht; es spielt keine Rolle, welche Ziele man tatsächlich erreichen muss und wie viel Geld zur Umsetzung der dafür erforderlichen Maßnahmen benötigt wird. • Es wird viel Geld in unsinnige Projekte gesteckt, nur damit das Budget weiterhin in voller Höhe zur Verfügung steht.

Wettbewerbs-Methode

Bei der Wettbewerbs-Methode orientiert man sich an der Budgethöhe der wichtigsten Wettbewerber. Die Idee ist hierbei, dass man mit der Konkurrenz mithalten muss.

Vorteile	Nachteile
• *Das Budget ist in Konzernen relativ leicht durchsetzbar.* • *Die Konkurrenz kann keine allzu großen Wettbewerbs-vorteile aufbauen (Investitio-nen der wichtigsten Konkurrenten sind etwa gleich hoch).*	• *Die Konkurrenten zwingen einander, die Budgets immer mehr aufzustocken; dadurch entstehen enorme Belastungen für die Unternehmen („Wettrüsten").* • *Weil alle Konkurrenten ihre Budgets massiv erhöhen, sind die zusätzlichen Vorteile aus den gesteigerten Marketing-investitionen unterproportional (= abnehmender Grenznutzen).*

Freihand-Methode

Hier wird das Budget willkürlich („freihändig") festgelegt.

Vorteil	Nachteil
• *Kein großer Planungsauf-wand; unkomplizierte Methode, die schnelle Entscheidungen ermöglicht.*	• *Die Höhe des Budgets orientiert sich an reinen Schätzungen – die Gefahr einer Fehlplanung ist daher recht hoch.*

5.8 Marketingkontrolle

Nachdem die Marketingmaßnahmen durchgeführt wurden und reich-lich Arbeitskraft und Geld gekostet haben, will man wissen, ob sie er-folgreich waren. Hierzu vergleicht man die erreichten Ergebnisse mit den gesteckten Zielen. Sollte ein Ziel nicht (oder nicht vollständig) er-reicht worden sein, ermittelt man, wie groß die Abweichungen sind und worin die Ursachen für die Abweichungen liegen.

Im Marketing prüft man nicht nur am Ende des Planungsprozesses (Abbildung 5.1), ob man Erfolg hatte oder nicht. Das wäre zu riskant. Vielmehr prüft man während der gesamten Umsetzungsphase, ob die einzelnen Etappenziele erreicht werden konnten. So kann man noch nachbessern oder den Prozess abbrechen, um weitere Verluste zu vermeiden.

Die Kontrolle der Ergebnisse ist identisch mit der (erneuten) Analyse der Marktsituation. Man kann nicht kontrollieren, ohne eine Situation zu analysieren. So endet der Marketingplanungsprozess mit der Marketingkontrolle; zugleich beginnt er erneut von vorn – mit der Analyse der Marktsituation (Regelkreis, wie bei Abbildung 5.1 angesprochen).

1. Beantworten Sie bitte durch Ankreuzen!		
	rich-tig	falsch
Differenziertes Marketing bedeutet, dass ein Anbieter sich auf einen ganz speziellen Teilmarkt konzentriert, der sich von anderen Teilmärkten deutlich unterscheidet.		
Qualitative Marketingziele sind Ziele der Produktpolitik. Sie sind darauf gerichtet, die Angebotsqualität zu optimieren.		
Eine horizontale Diversifikation bietet für den Anbieter u.a. den Vorteil, dass er seine bestehenden Kunden mit einem breiteren Sortiment besser bedienen (und damit an sich binden) kann.		
2. Antworten Sie in Stichworten!		
Worin besteht der wesentliche Vorteil der Ziel-Mittel-Methode als Budgetierungsmodell im Marketing?		

Aufgaben zur Selbstkontrolle

6 Produktpolitik

6.1 Grundlagen und Instrumente

Die Produktpolitik ist das Herzstück im Marketingmix, auf das alle weiteren Marketinginstrumente abgestimmt werden. Alles, was ein Unternehmen zur Befriedigung menschlicher Bedürfnisse und Wünsche auf dem Markt anbietet, wird im Marketing als Produkt bezeichnet: Gegenstände (z.B. Computer), Dienstleistungen (z.B. Massagebehandlung), Anliegen oder Ideen (z.B. „Gib Aids keine Chance"), Personen (z.B. Kurt Cobain), Orte (z.B. Berlin) oder Räumlichkeiten (z.B. eine Kauf- oder Mietimmobilie). Die Produktpolitik umfasst alle Entscheidungen, die das Angebot eines Unternehmens betreffen. Dazu gehören Entscheidungen

- zur Qualität und Gestaltung des einzelnen Produkts,
- zur Sortiments- oder Programmgestaltung,
- zum Service und
- zu freiwilligen Garantieleistungen.

Nutzen und Zusatznutzen
Der Kunde interessiert sich in erster Linie nicht für das Produkt an sich, sondern für den persönlichen Nutzen, den ihm das Produkt bringt. Zunächst erwartet der Kunde einen gewissen Grundnutzen. Das ist der eigentliche Nutzen, den er mit dem Kauf erwirbt. Der Grundnutzen eines Lippenstiftes ist zum Beispiel, sich nach der Anwendung schöner und attraktiver zu fühlen.

Zusätzlich kann ein über den Grundnutzen hinausgehender Kundenvorteil, ein sogenannter Zusatznutzen, angeboten werden. Bei einem ähnlichen Grundnutzen kann sich das Produkt mit einem einzigartigen Zusatznutzen vom Wettbewerbsangebot positiv abheben. Der Zusatznutzen kann Präferenzen beim Kunden schaffen.

Im Beispiel mit dem Lippenstift kann der Zusatznutzen die Befriedigung des ästhetischen Empfindens durch ein ansprechendes Produktdesign oder ein Anheben des Selbstwertgefühles durch die Nutzung einer prestigeträchtigen Luxusmarke sein.

Bei jeder produktpolitischen Entscheidung ist der Kundennutzen sorgfältig zu planen. Der Nutzen sollte auch bei der Kommunikation im Vordergrund stehen.

6.2   Produktlebenszyklus

Produkte bleiben nicht ewig jung. Sie haben eine Lebensdauer und durchlaufen Lebensphasen von der „Geburt" bis zum „Tod".

Das Modell des Produktlebenszyklus beschreibt die Zeit der Marktpräsenz eines Produkts anhand von einer ideal-typischen Absatz-, Umsatz- und Gewinnentwicklung.

Meist wird der Produktlebenszyklus in vier oder fünf Phasen unterteilt, wir gehen im Folgenden von einem Lebenszyklusmodell mit fünf Phasen aus: 1. Einführungsphase, 2. Wachstumsphase, 3. Reifephase, 4. Sättigungs- oder Stagnationsphase und 5. Rückgangs- oder Degenerationsphase. Das Prinzip zeigt Abbildung 6.1. Der Produktlebenszyklus kann nicht nur auf einzelne Produkte, sondern auch auf eine Produktgattung oder auf ganze Branchen bezogen werden.

Einführungsphase
Das Produkt wird neu auf dem Markt eingeführt und muss erst noch bekannt gemacht werden. Ist das Produkt eine Marktinnovation, hat der Anbieter eine monopolähnliche Stellung.

Nur wenige Konsumenten, die risikobereiten, sogenannten „Innovatoren", akzeptieren das neue Produkt und sind bereit, die meist hohen Anfangspreise zu bezahlen. Wegen der noch geringen Stückzahlen wird ein niedriger Umsatz erzielt. Um dem Produkt zum Marktdurchbruch zu verhelfen, wird viel in Werbung und andere Kommunikationsmaßnahmen investiert. Auch der Aufbau des Vertriebs und die Erweiterung der Produktionskapazitäten verursachen hohe Kosten. Diesen hohen Einführungskosten stehen geringe Einnahmen gegenüber: Es ergeben sich Anfangsverluste. Im Idealfall wird bald die Gewinnschwelle erreicht und damit die Einführungsphase beendet.

Wie schnell sich ein neues Produkt am Markt durchsetzt, beschreibt der sogenannte Diffusionsprozess (vgl. Kapitel 2.2.3). Die Annahme (Adoption) vom Markt ist u.a. von der Neuartigkeit der Produkte, deren Erklärungsbedürftigkeit und Komplexität, dem empfundenen Nutzenvorteil und der Möglichkeit des Ausprobierens abhängig. Viele Produkte erreichen die entscheidende Wachstumsphase nicht. Sie müssen trotz der oft sehr hohen Kosten, die für das Produkt bereits angefallen sind, wieder vom Markt genommen werden.

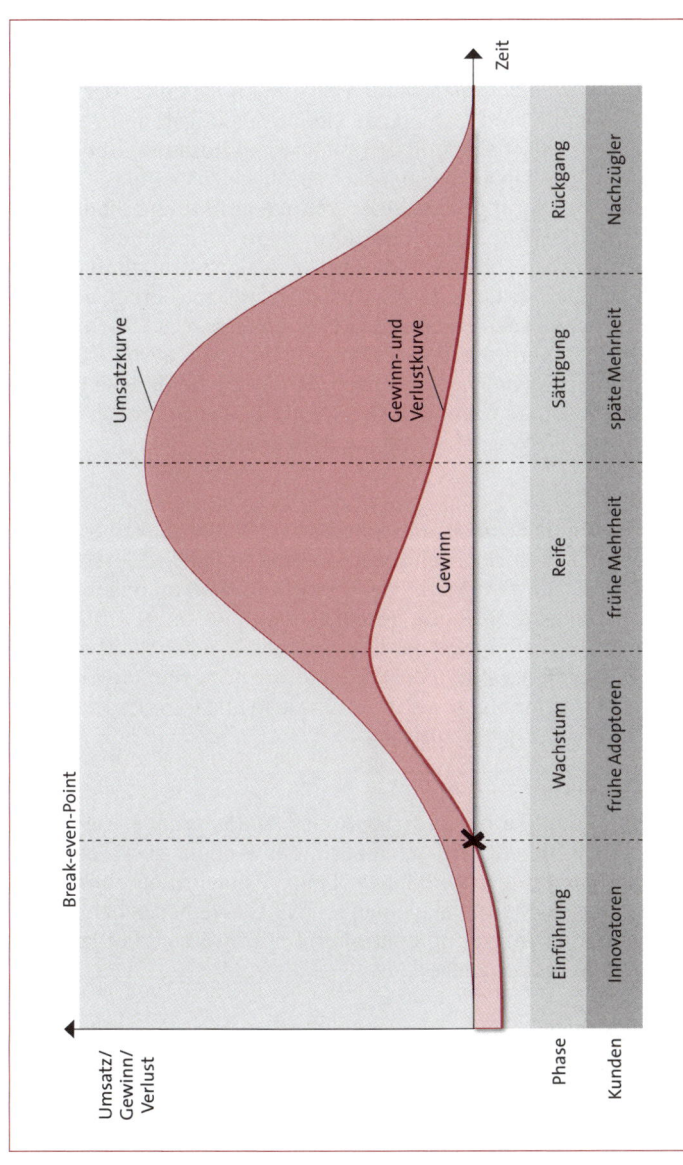

Abb. 6.1: Produktlebenszyklus

Wachstumsphase

Das Produkt wird immer bekannter. Neue Kunden, die „frühen Adoptoren", mit hohem Einkommen werden gewonnen. Sie sind in der Gesellschaft anerkannt und zählen zu den „Meinungsführern". Diese Kundengruppe entscheidet mit den Innovatoren (zusammen etwa 16 % der Kunden) über den Erfolg oder Nichterfolg eines Produkts. Deshalb sind diese Kundengruppen bei einer Produkteinführung besonders zu beachten und die Werbung sollte sich vor allem an sie richten.

In der Wachstumsphase steigt der Umsatz oft sprunghaft an. Die Gewinne steigen entsprechend. Das lockt Wettbewerber auf den Markt. Die Preise geben etwas nach. Um Präferenzen zu schaffen, werden die Produkte verbessert und eventuell werden erste Produktvarianten angeboten. Es wird viel geworben, denn jetzt werden die Vorteile der eigenen Produkte kommuniziert. Sobald das Gewinnmaximum erreicht wird, gilt die Wachstumsphase als beendet.

Reifephase

Eine große Kundengruppe mit durchschnittlichem Einkommen, die „frühe Mehrheit", schließt sich den Adoptoren an. Inzwischen sind viele Wettbewerber auf dem Markt, der Kampf um Marktanteile beginnt. Häufig werden jetzt die Preise gesenkt. Es wird weiter geworben, um Präferenzen zu erhalten bzw. neue aufzubauen. Um sich Wettbewerbsvorteile zu schaffen, werden die Produkte zielgruppenorientiert differenziert. Der Umsatz steigt weiter schwach an und erreicht sein Maximum. Die Gewinne gehen zurück.

Sättigungsphase

Eine große, konservative und skeptische Kundengruppe, die „späte Mehrheit", entschließt sich schließlich, das Produkt zu kaufen. Der Kampf um Marktanteile wird härter. Einige Pionierunternehmen verlassen bereits den Markt, die bleibenden Wettbewerber ziehen sämtliche Register ihres Marketingrepertoires. Der Umsatz nimmt langsam ab, die Gewinne gehen zurück.

Rückgangsphase

Konservative Nachzügler, die ihren Blick in die Vergangenheit gerichtet haben, entscheiden sich nun, wie die früheren Generationen auch, für das Produkt. Die Preise sind jetzt eher niedrig, eventuell steigen sie am Ende der Rückgangsphase wieder an (Beispiel: Schallplattenspieler).

Umsatz und Gewinn brechen ein, unter Umständen werden sogar Verluste realisiert. Ursachen für den Umsatzrückgang können sein:

● technischer Fortschritt,
● Auslisten der Produkte durch den Handel,
● Gesetze und Auflagen für die Produkte oder
● Modeänderung.

Das Produkt wird jetzt vom Markt genommen. Durch Produktvariation und neue Positionierung kann das Produkt aber auch einen zweiten Frühling (Relaunch) erleben. Die Umsatzkurve steigt in diesem Fall wieder an.

Praktischer Nutzen
In der Praxis verlaufen die einzelnen Phasen nicht nach der dargestellten strengen Gesetzmäßigkeit. Die Lebenszyklen für jedes Produkt sind außerdem unterschiedlich lang. Durch laufende Produktpflege und Kommunikationsmaßnahmen lässt sich die Länge des Produktlebenszyklus beeinflussen (stretchen).

Zudem lässt sich immer erst im Nachhinein sagen, in welcher Phase sich ein Produkt gerade befindet. Trotzdem ist es für ein Unternehmen sehr wichtig, die Altersstruktur seiner Produkte zu untersuchen. Denn die einzelnen Phasen des Lebenszyklus sind hilfreich für die Planung der Marketingaktivitäten eines Unternehmens.

6.3 Portfolioanalyse

Der Begriff Portfolioanalyse ist aus dem Bankenwesen entlehnt. Hier versteht man unter einem Portfolio die Vermögensstruktur eines Anlegers (Aufteilung des Vermögens in verschiedene Anlageformen, wie z.B. Bankeinlagen, festverzinsliche Aktien, Immobilien etc.).

Hierzu bewertet man die verschiedenen Anlageformen nach zwei wesentlichen Merkmalen: der Ertragskraft und dem Risiko. Diese werden anschließend in einer Grafik dargestellt. Der Portfoliomanager ist bestrebt, das Portfolio unter Risiko- und Renditeaspekten optimal zusammenzusetzen. Übertragen auf die Unternehmensführung gilt:

> *Unter einem Portfolio versteht man die Zusammensetzung des Produktprogramms.*

Ein ausgewogener Produktmix ist für den langfristigen Erfolg eines Unternehmens von großer Bedeutung.

Alle Portfolioansätze gehen davon aus, dass die Produkte eines Unternehmens in strategische Geschäftseinheiten (SGE) eingeteilt werden können. Eine SGE ist eine Produkt-Markt-Kombination mit

- klar abgrenzbaren Zielgruppen und
- klar abgrenzbaren Wettbewerbern.

Ein Sekthersteller hat zum Beispiel verschiedene Sektsorten in seinem Portfolio (Konsumsekt, Premiumsekt, Spitzensekt etc.). Diese verschiedenen Sektsorten werden auf unterschiedlichen Märkten angeboten. Jede Sekt-Markt-Kombination bildet eine eigenständige strategische Geschäfteinheit. Diese strategischen Geschäftseinheiten müssen nun nach geeigneten Faktoren beurteilt werden.

Hierzu gibt es verschiedene Ansätze. Sehr bekannt ist der Ansatz der Boston Consulting Group (BCG), der folgende zwei Faktoren als besonders wichtig für den Unternehmenserfolg ansieht:

Die beiden Erfolgsfaktoren beim Ansatz der BCG	
Relativer Marktanteil	*Marktwachstumsrate*
relativer Marktanteil $= \dfrac{\text{Marktanteil des Unternehmens}}{\text{Marktanteil Hauptwettbewerber}}$	Marktwachstumsrate $= \dfrac{\text{zusätzliches Marktvolumen}}{\text{Marktvolumen im Vorjahr}} \cdot 100\,\%$
Der relative Marktanteil ist ein Indiz für die Stärke eines Unternehmens. Je größer der relative Marktanteil ist, desto geringer sind die Produktionsstückkosten und umso höher ist der Gewinn. *Ein relativer Marktanteil über 1 bedeutet, dass das betreffende Unternehmen einen größeren Marktanteil als der Hauptwettbewerber hat, also stark ist.* *Ein Markt, der schnell wächst, ist für Unternehmen sehr attraktiv. Eine Marktwachstumsrate von mehr als 10 % gilt als hoch.*	

In der Portfoliomatrix wird nun an der Abszisse (horizontal) der relative Marktanteil eingetragen, an der Ordinate (vertikal) die Marktwachstumsrate. Es entstehen vier Felder, für die unterschiedliche Strategieempfehlungen gegeben werden.

Die einzelnen strategischen Geschäftseinheiten lassen sich anhand ihres relativen Marktanteils und der Marktwachstumsrate in eines der vier Felder einordnen.

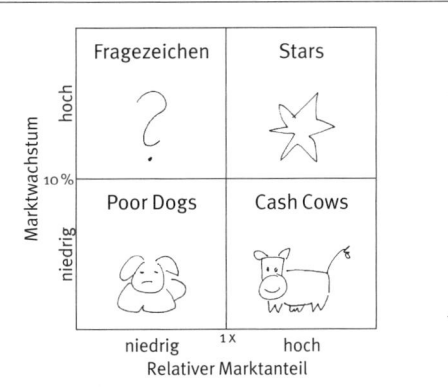

Abb. 6.2: Vierfelder-Portfolio der Boston Consulting Group

Fragezeichen

Hier liegt ein hohes Marktwachstum vor, die Produkte befinden sich jedoch in einer ungünstigen Wettbewerbsposition. Die Unternehmensleitung sollte entscheiden, ob bzw. in welches dieser Produkte sie weiter investieren will und bei welchen sie sich aus dem Markt zurückziehen sollte. Die Produkte befinden sich in der Einführungsphase. Zwar werden mit diesen Produkten noch Verluste gemacht, sie bilden aber die Zukunft als Stars oder Cash Cows. Fragezeichen werden weitgehend von den Cash Cows finanziert.
▶ *Empfohlene Normstrategie: investieren oder Rückzug*

Stars

Hier liegt ein hohes Marktwachstum vor und die Produkte befinden sich in einer günstigen Wettbewerbsposition. Die Stars sind Produkte, die sich in der Wachstumsphase befinden. Wegen des hohen Marktwachstums sollten die Marktanteile mindestens gehalten oder sogar noch weiter ausgebaut werden.
▶ *Empfohlene Normstrategie: investieren, Marktanteile ausbauen*

Cash Cows

Das Marktwachstum ist zwar gering, die Produkte sind jedoch in einer guten Wettbewerbsposition und erwirtschaften in diesem Feld in der Regel hohe Gewinne. Die Cash Cows sind Produkte, die sich in der Reife- oder Sättigungsphase befinden. Das Unternehmen sollte versuchen, die hohen Marktanteile zu halten und einen hohen Mittelrückfluss (Cashflow) zu realisieren. Investitionen sollten nur im Rahmen von Ersatzinvestitionen getätigt werden. Die Überschüsse werden in das Wachstum anderer SGE investiert.
▶ *Empfohlene Normstrategie: Markt abschöpfen, Marktanteile halten*

> **Poor Dogs**
> *Das Marktwachstum ist gering und die Wettbewerbsposition ist ungünstig. Diese Produkte sollten nur so lange am Markt gehalten werden, solange der Deckungsbeitrag noch positiv ist. Poor Dogs sind Produkte, die sich in der Rückgangsphase befinden. Nur in Ausnahmefällen hält man negativ behaftete Poor Dogs noch am Markt, weil sie beispielsweise einen hohen Wiedererkennungswert haben oder im Zusammenhang mit neuen Produkten verkauft werden (müssen).*
> ▶ *Empfohlene Normstrategie: desinvestieren, verkaufen o. am Markt halten*

Zusammensetzung des Portfolios

Das Portfolio eines Unternehmens sollte ausgewogen sein. Es sollte SGE enthalten, die heute Gewinn erwirtschaften (Cash Cows, Stars) und Produkte, in die heute investiert wird, damit sie in Zukunft Gewinn abwerfen (Fragezeichen).

Portfolio und Produktlebenszyklus

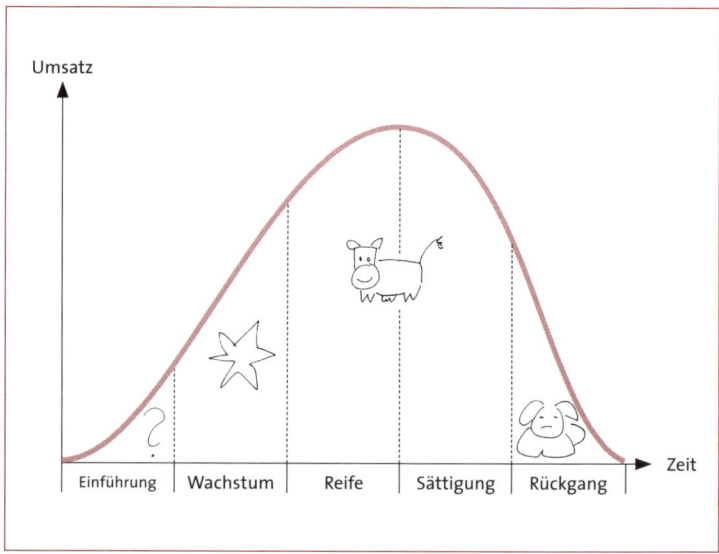

Abb. 6.3: Zusammenhang zwischen der Portfolioanalyse und dem Produktlebenszyklus

6.4 Phasen der Produktinnovation

Von der Produktidee bis zur Einführung	
Suche nach Produktideen ⇓	Häufig werden zur Suche Kreativitätstechniken (z.B. Brainstroming) eingesetzt, Erkenntnisse aus der Marktforschung, aus dem Benchmarking, dem Reklamationsmanagement verwertet oder Ideen von Mitarbeitern oder Kunden umgesetzt.
Vorauswahl einer Idee ⇓	Aus alternativen Ideen werden Erfolg versprechende Ideen ausgewählt. Hierzu können Punktebewertungsmodelle (z.B. das Scoring-Modell, siehe folgende Seite) oder Checklisten eingesetzt werden.
Bewertung der Wirtschaftlichkeit ⇓	Die ausgewählten Ideen werden hinsichtlich ihrer Wirtschaftlichkeit beurteilt. Hier findet unter anderem die Break-even-Analyse (siehe Kontrahierungspolitik, Kaptiel 7) Anwendung.
Produktentwicklung ⇓	Ein Prototyp des Produkts wird entwickelt.
Produkttest ⇓	Im ersten Schritt wird der Prototyp einigen technischfunktionalen Tests unterworfen, um diesbezügliche Mängel und Probleme zu beseitigen. Im zweiten Schritt testen ausgewählte potenzielle Verwender das Produkt. Ziel ist, die Eigenschaften des Produkts kundenorientiert zu optimieren.
Markttest ⇓	Bevor das Produkt auf dem Gesamtmarkt eingeführt wird, wird auf kontrollierten Testmärkten (Testmarkt, Minimarkttest, Storetest) untersucht, ob das Produkt von der Zielgruppe unter realen Wettbewerbsbedingungen gekauft wird (siehe Marktforschung).
Markteinführung ⇓	Das Produkt wird auf dem Markt eingeführt.
Kontrolle der Einführung	Der Erfolg der Produkteinführung wird durch Soll-Ist-Vergleich, durch die Deckungsbeitragsrechnung und mit Daten aus der Marktforschung kontrolliert.

(Phasen in Übereinstimmung mit Weis: Marketing/Kompakttraining, 6. Auflage 2010, S. 124)

Exkurs: Das Scoring-Modell (Punktebewertungsverfahren)

Eine gute Arbeitshilfe bei Entscheidungen und zur Bewertung von verschiedenen Alternativen (z.B. Produktideen) ist das sogenannte Scoring-Modell. Es wird stets im Team angewendet. Um viele Standpunkte und Sichtweisen zu berücksichtigen, sollte das Team möglichst heterogen aus verschiedenen Funktionsbereichen zusammengesetzt sein.

Vorgehensweise:

1. Zunächst wird gemeinsam festgelegt, welche Kriterien zur Beurteilung der Produktideen verwendet werden sollen.
2. Diese Kriterien können mit Gewichten versehen werden. Dadurch kann die unterschiedliche Bedeutung der Kriterien berücksichtigt werden. Die Summe der Gewichtungsfaktoren sollte 1 bzw. 100 % ergeben.
3. Nun wird für jede einzelne Idee jedes Merkmal durch Zuweisung von Punkten bewertet; z.B. 1 = sehr schlecht bis 6 = sehr gut.
4. Anschließend werden die Punktwerte mit den Gewichtungsfaktoren multipliziert.
5. Im nächsten Schritt werden die gewichteten Punktwerte addiert.
6. Am Ende werden die Ergebnisse verglichen. Die Idee mit der höchsten Punktzahl oder mit einer Mindestpunktzahl kann nun ausgewählt werden.

Beispiel für eine gewichtete Bewertungsmatrix								
Beurteilungs-kriterium	Gewichtungs-faktor	Punktwert						Gewichteter Punktwert
	A	B						A x B
		1	2	3	4	5	6	
Produktion	0,5		x					1,0
Unternehmensimage	0,3					x		1,5
Finanzbedarf	0,1	x						0,1
Marktpotenzial	0,1			x				0,3
	Summe = 1							Summe = 2,9
Punktwert 1 = sehr schlecht Punktwert 6 = sehr gut Mindestwert für Entwicklung: 3,0								

6.5   Sortiments- und Programmaufbau

„Unter Programm- und Sortimentspolitik versteht man alle Entscheidungen, die mit dem Aufbau, der Struktur und Änderung des Leistungsangebots (Produkte und Dienstleistungen) zusammenhängen." (Weis: Marketing/Kompakttraining, 6. Auflage 2010, S. 140)

Ein herstellendes Unternehmen nennt sein gesamtes Leistungsangebot „Produktprogramm", ein Händler spricht entsprechend von seinem Sortiment. Allgemein unterscheidet man ein Sortiment/Programm nach der Breite und Tiefe. Dabei muss man zwischen Herstellerprogramm und Handelssortiment unterscheiden:

6.5.1   Herstellerprogramm

Das Herstellerprogramm wird in der Regel in Produktlinien und Artikel unterteilt. Eine Produktlinie umfasst Artikel, die eng miteinander verbunden sind. Die Artikel lösen jeweils ein ähnliches Grundproblem und haben weitere bestimmte gemeinsame Merkmale. Artikel einer Produktlinie werden einer Zielgruppe angeboten und über den gleichen Vertriebsweg auf den Markt gebracht (z.B. Gesichtspflegelinie).

Programmbreite und -tiefe	
Programmbreite *Anzahl der Produktlinien eines* *Herstellers*	*Programmtiefe* *Anzahl der Artikel innerhalb einer* *Produktlinie*
Beispiel: *Henkel produziert die Produktlinien* *Waschmittel/Reinigungsmittel,* *Kosmetik/Körperpflegeprodukte* *(Haare, Körper, Haut u.a.), Klebstoffe/Dichtstoffe*	*Beispiel:* *Produktlinie Waschmittel: Voll-, Fein-, Buntwaschmittel* *Produktlinie Haarpflege: z.B.* *Haarshampoos für fettiges, schuppiges, koloriertes Haar*

6.5.2   Handelssortiment

Im Handel wird das Sortiment in einer hierarchisch aufgebauten Sortimentspyramide dargestellt. Ganz oben steht der Warenbereich, ihm

folgen die Warengruppe, die Warenart, der Artikel und die Sorte. Allerdings werden diese Begriffe der Sortimentspyramide in Literatur und
Praxis sehr unterschiedlich gehandhabt. Im Lebensmittelbereich sind
folgende Definitionen gebräuchlich:

● Der Warenbereich umfasst eine Sparte, zu der die Produkte gehören (z.B. Nahrungsmittel, Genussmittel).
● Eine Warengruppe fasst Artikel nach bestimmten Merkmalen
  zusammen (z.B. Brot und Backwaren).
● Eine Warenart bezeichnet Artikel, die sehr ähnliche Merkmale
  haben (z.B. Brot).
● Bei einem Artikel handelt es sich um eine gattungsmäßige Zusam-
  menfassung mehrerer Sorten mit einem einheitlichen Charakter
  (z.B. Vollkornbrot).
● Eine Sorte ist die kleinste Einheit im Sortiment. Hierunter wird eine
  bestimmte Ausführung des Artikels verstanden (z.B. Vollkornbrot
  der Firma Leckerback).

Sortimentsbreite und -tiefe	
Sortimentsbreite *Anzahl der Warenbereiche oder Warengruppen, die das Handelsun-ternehmen führt.*	*Sortimentstiefe* *Anzahl der Warenarten, Artikel und Sorten innerhalb einer Warengruppe.*
Beispiel für ein breites Sortiment: Ein Warenhaus führt die Warengruppen Nahrungsmittel, Haushaltswaren, Schuhe und Textilien.	*Beispiel für ein tiefes Sortiment: In der Warengruppe Textilien eines Warenhauses werden in der Warenart Damenoberbekleidung verschiedene Artikel wie Kostüme, Röcke, Kleider, Blazer, Blusen und Hosen in großer Auswahl in verschiedenen Größen und Farben angeboten.*
Beispiel für ein schmales oder enges Sortiment: Ein Spezialgeschäft führt ausschließlich Käse und Molkereipro-dukte.	*Beispiel für ein flaches Sortiment: Ein Discounter bietet in der Warenart „Fruchtsaft" nur eine kleine Auswahl an Artikeln und Sorten an.*

Hinweis: In den folgenden Ausführungen wird von der Programmpolitik eines Herstellers ausgegangen.

6.6 Programmpolitische Basisentscheidungen

Grundsätzlich besteht die Möglichkeit,
- das Programm so zu belassen, wie es ist,
- es auszuweiten oder
- es einzuengen.

Gründe für Programmänderungen können produktionstechnische oder marktseitige Aspekte sein. Ein produktionstechnischer Aspekt ist z.B. die Auslastung vorhandener Maschinen. Wichtiger als produktionstechnische sind jedoch marktseitige Aspekte. Das heißt z.B., dass
- im Markt ein Bedarf nach einer Programmerweiterung besteht,
- das Unternehmen auf eine erfolgreiche Produktlinienergänzung eines Wettbewerbers reagiert oder
- das Unternehmen auf mehr Regalplätze hofft.

Zu folgenden Begriffen sollten Sie eine kurze Definition im Kopf haben:

Zentrale Begriffe der Programmpolitik

Produktvariation: Die Eigenschaften eines bereits auf dem Markt eingeführten Produkts werden abgeändert. Das vorhandene Produkt wird durch das neue ersetzt (z.B. verbesserte Rezeptur, Verpackungs-, Namens-, Image-, Design-, Nutzenänderung). Das Programm wird dadurch nicht erweitert.

Produktinnovation zur Programmerweiterung: Wird ein neues Produkt entwickelt bzw. dazugekauft und in das Programm eines Unternehmens aufgenommen, wird dies im Marketing Produktinnovation genannt.
Dabei kann es sich um eine echte Marktinnovation wie die Erfindung des Reißverschlusses oder um eine Nachahmung eines bereits auf dem Markt befindlichen Produkts handeln (Me-too-Produkt). Echte Marktinnovationen sind allerdings sehr selten. Viel häufiger werden Innovationen mit einem eher geringen Neuigkeitsgrad auf dem Markt angeboten.
Eine Programmerweiterung bedeutet entweder:
- *Produktdifferenzierung (die Ausdehnung innerhalb einer Produktlinie) oder*
- *Diversifikation (die Einführung neuer Produktlinien), siehe nachfolgend:*

Produktdifferenzierung: Ein bereits auf dem Markt angebotenes Produkt wird durch Produktvarianten ergänzt (z.B. durch neue Zutaten, weitere Packungsgrößen, weitere Geschmacksrichtungen, zusätzliche Farben und Formen, sonstige Ergänzungsprodukte wie Kurpackung zum Shampoo).

Das neue Produkt wird zusätzlich zum vorhandenen Produkt auf dem bereits bearbeiteten Markt angeboten. Die Produktdifferenzierung wird auch Produktlinienerweiterung (Line Extension) genannt.
Durch die Produktdifferenzierung wird das Produktprogramm tiefer.

Produktdiversifikation: Neue Produkte werden auf neuen Märkten (neuen Zielgruppen) angeboten, siehe im Einzelnen auch Kapitel 5.5.3.
Es wird unterschieden zwischen:
- horizontaler Diversifikation: sachlich verwandte Leistungen werden auf der gleichen Wirtschaftsstufe angeboten,
- vertikaler Diversifikation: innerhalb einer Branche werden Produkte vor- oder nachgelagerter Wirtschaftsstufen ins Programm aufgenommen,
- lateraler Diversifikation: es besteht kein Zusammenhang zu den bisherigen Produkten, es handelt sich um einen völlig neuen Wirtschaftszweig.
Durch die Diversifikation möchte das Unternehmen neue Märkte erschließen und dadurch Wachstumsmöglichkeiten nutzen. Außerdem wird das unternehmerische Risiko auf weitere Leistungsbereiche verteilt.
Durch die Diversifikation vergrößert sich die Programmbreite.

Produkteliminierung: Ein Produkt oder eine ganze Produktlinie wird vom Markt genommen.
Mögliche Gründe: veränderte Nachfrage, sinkender Umsatz/Gewinn/ Deckungsbeitrag, technologische Entwicklungen, negativer Einfluss auf das Unternehmensimage, neue Gesetzeslage, überlegene Wettbewerbsprodukte

Wird durch programmpolitische Entscheidungen die Qualität des Angebots verändert, spricht man von
- *Trading-up,* wenn das Unternehmen Produkte eines höheren Qualitäts- und Preisniveaus anbietet,
- *Trading-down,* wenn Qualität und Preis des Angebots gesenkt werden.

(Diese in der Literatur üblichen Optionen findet man ausführlicher, aber gut übersichtlich in: Weis: Marketing/Kompakttraining, 6. Auflage 2010, S. 121)

6.7   Servicepolitik

In wettbewerbsintensiven Märkten, in denen sich Unternehmen durch das eigentliche Angebot kaum noch unterscheiden, können zielgruppenorientierte Serviceleistungen den entscheidenden Impuls zur Kaufentscheidung geben.

Produktbezogener Service

Zu den Serviceleistungen gehören zunächst die klassischen, produktbezogenen Serviceleistungen wie die Wartung, Montage, Instandhaltung oder Reparatur von gekauften Produkten. Dieser produktbezogene Service wird in der Praxis häufig Kundendienst oder technischer Service genannt.

Kundenbezogener Service

Immer entscheidender werden aber auch die kundenbezogenen Serviceleistungen, die vor, während und nach der Nutzung der Hauptleistung angeboten werden.

Die kundenbezogenen Serviceleistungen erleichtern die Nutzung der Hauptleistung, gestalten diese angenehmer oder machen sie erst möglich. Kundenbezogene Serviceleistungen werden auch kaufmännischer Service genannt.

Gestaltungsmöglichkeiten der Servicepolitik

Alle Serviceleistungen können entweder bereits im Preis der Hauptleistung enthalten sein oder als entgeltliche Zusatzleistung angeboten werden. Jedem Unternehmen steht eine fast unendliche Vielzahl von möglichen Serviceleistungen zur Verfügung.

Serviceziele

Unternehmen verfolgen mit ihrer Servicepolitik verschiedene Ziele. Wichtige Serviceziele sind:
- Positionierung des Unternehmens
- Steigerung der Kundenzufriedenheit
- Kundenbindung
- Gewinnen von Neukunden
- Aufbau eines positiven Images
- Präferenzbildung beim Kunden, Ausbau von Wettbewerbsvorteilen
- Zusatzeinnahmen durch kostenpflichtige Serviceleistungen

6.8   Garantieleistungspolitik

Die Garantieleistungspolitik betrifft die Gestaltung der freiwilligen
Garantiezusagen, die über die zweijährige gesetzliche Gewährleistung
hinausgehen. Unternehmen möchten durch Garantiezusagen

- zusätzliche Kaufimpulse geben,
- das Image des Produkts steigern und
- Wettbewerbsvorteile schaffen.

Werksgarantien
Garantiezusagen von Herstellern (Werksgarantien) zeigen dem Kunden deutlich, dass das Unternehmen für sein Angebot einsteht, dass
das Angebot qualitativ hochwertig sein muss.

So bieten verschiedene Automobilhersteller Mobilitätsgarantien,
Waschmaschinenhersteller Garantien für die Kostenübernahme bei
etwaigen Wasserschäden oder Fahrradrahmenhersteller zehn Jahre
Garantie auf die Funktionsfähigkeit der Fahrradrahmen an.

Händlergarantien
Auch Absatzmittler verschaffen sich durch Garantiezusagen Wettbe-
werbsvorteile (Händlergarantien). Dies können Umtauschgarantien,
Liefergarantien, Bestpreisgarantien usw. sein.

1. Beantworten Sie bitte durch Ankreuzen!		
	richtig	*falsch*
In der Einführungsphase eines Produkts wird der höchste Gewinn erzielt.		
In der Wachstumsphase des Lebenszyklus steigt der Umsatz sprunghaft an.		
Der Produktlebenszyklusverlauf lässt sich exakt vorhersagen.		
Die Break-even-Analyse ist ein gängiges Verfahren zur Wirtschaftlichkeitsberechnung.		
Den Kauf der deutschen Mineralwassermarke Apollinaris durch Coca-Cola kann man als eine Form der horizontalen Diversifikation bezeichnen.		

Aufgaben zur ...

Wird ein Waschmittel zusätzlich in flüssiger Form angeboten, handelt es sich um Produktdifferenzierung.		
Wenn ein Fertiggericht mit einer verbesserten Rezeptur angeboten wird, handelt es sich um eine vertikale Diversifikation.		
Bei einer Produktdifferenzierung handelt es sich immer auch gleichzeitig um eine Diversifikation.		
Kundenbindung ist ein zu vernachlässigendes Serviceziel.		
Der relative Marktanteil gibt Auskunft über die Stärke eines Unternehmens.		
Bei strategischen Geschäftseinheiten handelt es sich um eigenständige Produkt-Markt-Kombinationen.		

2. Beantworten Sie in Stichworten!

Mit einem im Jahr 2003 eingeführten Produkt wurden folgende Umsatzzahlen erreicht:

Jahr	03	04	05	06	07	08	09	10	2011
Tsd. Euro	10	20	32	48	62	74	82	87	80

a. Geben Sie die Umsatzveränderungen in Tsd. Euro an.
b. Erstellen Sie die Produktlebenszykluskurve für das Produkt.
c. Geben Sie in etwa die einzelnen Phasen an.

3. Ordnen Sie die genannten Begriffe zum Vierfelder-Portfolio den nachfolgenden Erklärungen zu!

1. Question Marks – 2. Stars – 3. Cash Cows – 4. Poor Dogs

Erklärungen (Nummer bitte zuordnen)

____ Diese Produkte befinden sich in der Einführungsphase und machen noch Verluste.

____ Diese Produkte befinden sich in der Sättigungs- bzw. Degenerationsphase.

____ Diese Produkte erwirtschaften Gewinne; diese werden aber zum weiteren Ausbau der Marktanteile reinvestiert.

____ Bei diesen Produkten ist das Marktwachstum zwar gering, die Produkte sind jedoch in einer guten Wettbewerbsposition.

7 Kontrahierungspolitik

7.1 Ziele und Instrumente der Kontrahierungspolitik

Der Begriff Kontrahierungspolitik ist von dem Wort „Kontrakt", zu Deutsch „Vertrag, Vereinbarung", abgeleitet. Bei der Kontrahierungspolitik geht es um die ziel- und marktgerechte Gestaltung der Gegenleistung, die ein Unternehmen von seinen Kunden erwartet. Besonders wichtig ist hierbei die Preisforderung.

Häufig wird die Kontrahierungspolitik auch Preis- und Konditionenpolitik genannt (siehe auch Kapitel 1.2).

Instrumente der Kontrahierungspolitik sind
- die Preispolitik im engeren Sinn,
- Liefer- und Zahlungsbedingungen,
- die Rabattpolitik und
- die Kreditpolitik.

7.2 Preispolitik

Zur Preispolitik gehören die Bildung des Grundpreises sowie Entscheidungen zur Preisdifferenzierung. Dabei sind einige Besonderheiten zu beachten:
- Der Preis wirkt unmittelbar auf den Umsatz und den Marktanteil ein. Je höher der Preis ist, umso weniger kann von einem Produkt abgesetzt werden. Die Preispolitik berührt damit unmittelbar oberste Unternehmens- und Marketingziele.
- Der Preis beeinflusst den Stückgewinn.
- Die Preispolitik wirkt ohne Zeitverzögerung.
- Ein hoher Preis wird häufig mit hoher Qualität gleichgesetzt.

Die Preisbildung orientiert sich an folgenden Größen:
- Kosten,
- Wettbewerbspreise,
- Nachfrage,

daneben auch an

- den angestrebten Unternehmenszielen (z.B. Gewinnmaximierung oder Marktanteilsausbau) und an
- Gesetzen und Regelungen (z.B. Buchpreisbindung).

7.2.1 Kostenorientierte Preisbildung

Bei der kostenorientierten Preisbildung bilden die betrieblichen Kosten die Basis zur Bestimmung des Preises. Man unterscheidet:

- Fixkosten sind der feste Teil der Kosten, der auch dann anfällt, wenn keine Leistung erstellt wird (z.B. Miete, Heizkosten, Gehälter, Versicherungen).
- Variable Kosten sind der Teil der Kosten, der nur dann entsteht, wenn Leistung erstellt wird. Variable Kosten sind abhängig von der produzierten Stückzahl (z.B. Mehl und Butter beim Bäcker). Die variablen Kosten stellen die kurzfristige Preisuntergrenze dar.

Deckungsbeitrag

Immer dann, wenn der Verkaufspreis größer ist als die variablen Kosten, leistet das betreffende Produkt einen positiven Beitrag zur Deckung der Fixkosten. Dieser Beitrag heißt „Deckungsbeitrag".

Deckungsbeitrag = Verkaufspreis – variable Kosten

Die Produktion eines Produkts kann immer dann sinnvoll sein, wenn

- ein positiver Deckungsbeitrag in einer Periode erzielt werden kann,
- freie Produktionskapazitäten (Maschinen, Mitarbeiter usw.) zur Verfügung stehen.

Unterscheidung der Deckungsbeiträge	
Stückdeckungsbeitrag (db) *= Stückpreis – variable Kosten*	*Gesamtdeckungsbeitrag (DB)* *= db · Absatzmenge x oder* *= Umsatz – variable Gesamtkosten*

Der Deckungsbeitrag wird entweder als Betrag in Euro oder aber als Prozent vom Umsatz angegeben. Gibt man den Deckungsbeitrag in Prozent an, lassen sich die Produkte besser vergleichen. Daher hat sich die Prozentangabe in der Praxis durchgesetzt.

Break-even-Analyse (Gewinnschwellenanalyse)
Wichtig im Rahmen der kostenorientierten Preisermittlung ist der sogenannte Break-even-Point. Der Break-even-Point gibt die Absatzmenge an, bei der der Gesamtdeckungsbeitrag alle Fixkosten deckt. In diesem Punkt ist der Gewinn gleich null. Jedes weitere abgesetzte Produkt erwirtschaftet einen Gewinn. Die Formel zur Berechnung der Break-even-Menge X lautet:

$$X = \frac{\text{fixe Kosten}}{\text{Stückdeckungsbeitrag}}$$

Die grafische Ermittlung der Break-even-Menge zeigt Abbildung 7.1.

Preisbestimmung mithilfe der Break-even-Analyse
Weiß man, wie hoch die voraussichtliche Absatzmenge sein wird, kann man mithilfe der Break-even-Analyse den Preis bestimmen, den ein Unternehmen mindestens nehmen muss, um die Gewinnschwelle zu erreichen. Man rechnet:

$$\text{Preis} = \frac{\text{Fixkosten}}{\text{Absatzmenge}} + \text{variable Stückkosten}$$

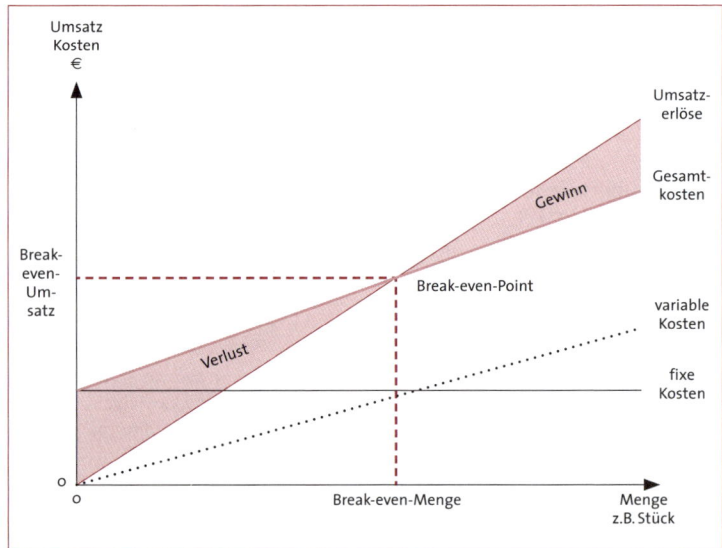

Abb. 7.1:   Break-even-Analyse

7.2.2 Wettbewerbsorientierte Preisfindung

Bei der wettbewerbsorientierten Preisfindung orientiert sich das Unternehmen entweder

- am Preis des Marktführers oder
- am durchschnittlichen Branchenpreis.

Diese Preise werden entweder übernommen, über- oder unterschritten. Da der Preis nicht aktiv gestaltet wird, nennt man diese Preisgestaltung auch passive Preisgestaltung. Je nach Wettbewerbsposition spricht man vom:

- Preisführer: Er hat den höchsten Preis im relevanten Markt.
- Preisfolger: Er passt den Preis laufend dem Preis des Preisführers an. Der eigene Preis liegt etwas unterhalb des Preises des Preisführers.
- Preiskämpfer: Er hat den niedrigsten Preis im relevanten Markt.

7.2.3 Nachfrageorientierte Preisbildung

Bei der nachfrageorientierten Preisfindung orientiert sich das Unternehmen an der Preisbereitschaft der Nachfrage. Die grundsätzlichen Fragen, die dabei gestellt werden müssen, lauten:

- Wie schätzt der Verbraucher mein Produkt ein?
- Welchen Preis ist der Käufer bereit zu zahlen?

Der Preis wird von den Nachfragern häufig als Indikator für Qualität gesehen. Der nachfrageorientierte Preis kann als Preisobergrenze betrachtet werden.

Exkurs: Preiselastizität der Nachfrage

Mit der Preiselastizität (Preisempfindlichkeit) kann man beschreiben, wie sich die Nachfrage bei Preiserhöhungen und -senkungen verhält.

> *Die Preiselastizität gibt also Auskunft darüber, ob sich eine Preisänderung für ein Unternehmen lohnt.*

Die Preiselastizität beeinflusst aber auch ganz wesentlich, wie stark Kosten- und Steuererhöhungen auf die Endabnehmer abgewälzt werden können. Und sie bestimmt das Ausmaß, in dem monopolistische Unternehmen ihre Position ausnutzen können.

Um die Preiselastizität zu bestimmen, benötigt man folgende Werte:

- Die Absatzänderung in Prozent (prozentuale Veränderung zwischen alter und neuer Absatzmenge) und
- die Preisänderung in Prozent (prozentuale Veränderung zwischen altem und neuem Preis).

Die Preiselastizität errechnet sich wie folgt:

$$\text{Preiselastizität } e = \frac{\text{prozentuale Mengenänderung}}{\text{prozentuale Preisänderung}}$$

Ist die Preiselastizität = 0, spricht man von vollkommen starrer Nachfrage. Liegt sie bei $-\infty$, spricht man von vollkommen elastischer Nachfrage.

Die Preiselastizität wird häufig als nichtnegativer Absolutbetrag angegeben.

Auswirkungen von Preisänderungen auf den Umsatz		
	Elastische Nachfrage (die Nachfrage reagiert stark auf Preisänderungen)	*Unelastische Nachfrage* (die Nachfrage reagiert schwach auf Preisänderungen)
	$\mid e \mid > 1$	$\mid e \mid < 1$
Preiserhöhung	*Umsatz sinkt*	*Umsatz steigt*
Preissenkung	*Umsatz steigt*	*Umsatz sinkt*
Beispiel	*Sekt, Autos, Markenkleidung*	*Medikamente, Mehl, Wasser, Weihnachtsbäume*

7.3   Preisdifferenzierung

Bietet ein Unternehmer ein gleichartiges Produkt bewusst und systematisch zu unterschiedlichen Preisen an, spricht man von einer Preisdifferenzierung. Durch die Preisdifferenzierung möchte der Unternehmer die Preisbereitschaft unterschiedlicher Kundensegmente abschöpfen, um damit den Gesamtumsatz zu erhöhen.

Voraussetzung für eine Preisdifferenzierung ist, dass der Gesamtmarkt in Teilmärkte segmentiert werden kann und dass die Teilmärkte durch wirksame Barrieren voneinander getrennt werden können.

Je nach Art der Barrieren unterscheidet man verschiedene Arten der
Preisdifferenzierung.

Arten von Preisdifferenzierung	
Räumlich *Der Preis des Produkts ist abhängig von der Region bzw. dem Land, in dem es angeboten wird.* *Die Verkaufspreise im Ausland weichen häufig von den inländischen Verkaufspreisen ab. Aber auch innerhalb einzelner Länder werden Preise räumlich differenziert, so zum Beispiel beim Kraftstoff, der in verschiedenen Regionen zu unterschiedlichen Preisen verkauft wird.*	**Kundenbezogen** *Der Preis des Produkts ist für bestimmte Kundengruppen niedriger. Preise können zum Beispiel differenziert werden für Schüler, Studenten, Senioren, Vereinsmitglieder, eigene Mitarbeiter, Zusatzpersonen (zum Beispiel vergünstigte Preise für mitreisende Kinder oder Ehepartner), Wiederverkäufer usw.*
Zeitlich *Der Preis des Produkts ist abhängig vom Zeitpunkt des Kaufs.* *Auf diese Weise können tageszeitabhängige, saisonale oder konjunkturelle Schwankungen in der Kapazitätsauslastung ausgeglichen werden. Beispiele sind Saisonpreise für Hotelzimmer, Frühbucherpreise, Wochenendtickets.*	**Sachlich** *Produkte, die den gleichen Grundnutzen haben, werden mit kleinen Änderungen zu unterschiedlichen Preisen verkauft. Die Kosten für die Änderung stehen dabei in keinem Zusammenhang zur vorgenommenen Preisdifferenzierung. Beispiel hierfür sind Sondermodelle von Autos.*

7.4 Rabattpolitik und Preisaktionen

Rabatte sind Preisnachlässe, die den Preis flexibel halten. Sie sollen einen zusätzlichen Kaufanreiz auslösen.

Rabatte können Wiederverkäufern und Endverbrauchern gewährt werden.

Beispiele für Rabatte
Wiederverkäuferrabatt, Messerabatt, Einführungsrabatt, Frühbucherrabatt, Treuerabatt, Umsatzrabatt, Mengenrabatt, Rückvergütungen durch Sammelpunkte etc.

7.5   Liefer- und Zahlungsbedingungen

„Liefer- und Zahlungsbedingungen sind meist Bestandteile des Kauf-
vertrages. Sie regeln Zeit und Ort des Eigentums- und Gefahrenüber-
gangs und die Zahlungsbedingungen. Die Lieferbedingungen regeln:
- Lieferart (Lkw, Bahn, Flugzeug, Schiff usw.)
- Lieferzeit (Ort und Zeit der Lieferung)
- evt. Konventionalstrafen (z.B. bei verspäteter Lieferzeit)
- Mindestmengen und Mindermengenzuschläge
- Berechnung der Transportkosten
- Umtausch- und Rückgaberecht

Die Zahlungsbedingungen regeln, auf welche Art und Weise die ge-
kauften Waren vom Käufer bezahlt werden. Sie enthalten:
- Zahlungsart und -frist
- Zahlungsabwicklung und -sicherung"
(Weis: Marketing/Kompakttraining, 6. Auflage 2010, S. 168/169)

7.6   Kreditpolitik

Die Kreditpolitik hat das Ziel, durch Kreditgewährung oder Vermittlung
von Krediten den Umsatz zu steigern. Einzelhändler und Dienstleister
bieten zum Beispiel Ratenzahlungen für höherwertige Gebrauchs-
güter an (z.B. Mediamärkte bieten Ratenzahlung für Notebooks an).

Weitere Möglichkeiten, Kredite einzuräumen, sind
- der Anschreibekredit,
- die Akzeptanz von Kreditkarten,
- drittfinanzierte Geschäfte wie Leasing.

7.7   Preisstrategien bei der Einführung neuer
Produkte

Um im Preiswettbewerb bestehen zu können, muss man sich für eine
bestimmte allgemeine Vorgehensweise im Hinblick auf den Preis – eine
Preisstrategie – entscheiden. Dabei bieten sich im Zeitverlauf (Produktlebenszyklus) folgende Markteintrittsstrategien an:

● die Skimmingstrategie oder
● die Penetrationsstrategie.

Skimmingstrategie (Abschöpfungsstrategie)

Skimmingpreise (Abschöpfpreise) sind bei der Produkteinführung eher hoch und sinken im Laufe des Produktlebenszyklus (Abbildung 7.2).

Die Skimmingstrategie wird vor allem bei Produkten mit hohem Neuigkeitsgrad angewandt (z.B. Beamer, LCD-Bildschirm). Häufig hat das anbietende Unternehmen durch Patentrechte und durch technologischen Vorsprung eine monopolartige Stellung. Bei sehr innovativen Produkten würde in der Regel ein niedriger Einführungspreis die Marktwiderstände nicht senken (geringe Preiselastizität der Nachfrage). Durch die hohen Preise werden die Produkte im höherwertigen Preis-Qualitäts-Feld positioniert.

Die ersten Kunden sind preisunempfindliche Innovatoren und frühe Adoptoren mit hohem Einkommen (vgl. in Kapitel 6 zum Produktlebenszyklus), deren Kaufkraft abgeschöpft wird. Im Laufe des Produktlebenszyklus können aufgrund des hohen Preisspielraums die Preise graduell gesenkt werden und die Preisbereitschaft (Konsumentenrente) der nachfolgenden Käufergruppen sukzessive abgeschöpft werden.

Mit Skimmingpreisen ist das Unternehmen kalkulatorisch auf der „sicheren Seite". Es lassen sich relativ kurzfristig hohe Stückgewinne realisieren und Aufwendungen für Forschung und Entwicklung können amortisiert werden. Die Produktionskapazitäten können nach und nach ausgebaut werden, d.h., die Anfangsinvestitionen sind gering.

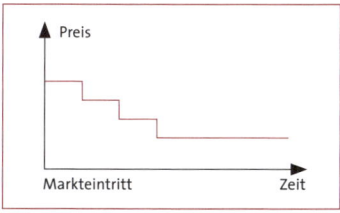

Abb. 7.2:   Skimmingstrategie

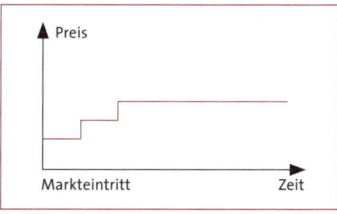

Abb. 7.3:   Penetrationsstrategie

Penetrationsstrategie (Durchdringungsstrategie):

Die Penetrationspreise (Einführungspreise) sind zunächst niedrig und werden, sobald sich das Produkt am Markt behauptet hat, auf den optimalen „Marktpreis" erhöht (siehe Abbildung 7.3).

Die Penetrationsstrategie wird vor allem bei Produkten mit niedrigem Neuigkeitsgrad angewandt (z.B. Zeitschriften, Telenetzdienste), bei denen die Nachfrage sehr elastisch auf Preisveränderungen reagiert. Allerdings kann der niedrige Preis mit einer niedrigen Qualität assoziiert werden, sodass sich spätere Preiserhöhungen nur schwer durchsetzen lassen.

Durch die niedrigen Preise gewinnt das Unternehmen schnell Marktanteile und vielleicht sogar eine monopolähnliche Stellung.

Voraussetzung für die Penetrationsstrategie ist die Verfügbarkeit von hohen Fertigungskapazitäten. Es wird versucht, einen möglichst hohen Kostenvorsprung zu erzielen. Da das Investitionsrisiko für neu hinzukommende Wettbewerber entsprechend groß ist, wird deren Markteinstieg erschwert.

Preispositionierungsstrategien

Bezüglich des Preisniveaus, das während des Zeitverlaufs unverändert bleiben soll, bieten sich die folgenden Strategien an:

- Premium-/Hochpreisstrategie,
- Mittel- oder Durchschnittspreisstrategie und
- Niedrig- oder Promotionspreisstrategie.

Premiumpreisstrategie

Bei der Premiumpreisstrategie wird versucht, langfristig möglichst hoch angesetzte Preise zu erzielen. Als Grund für hohe Preise werden Qualität, Exklusivität, das Image, Innovationsführerschaft oder ähnliche Alleinstellungsmerkmale herangezogen. Die Preiselastizität ist bei diesen Produkten sehr gering, sodass die zahlungskräftigen Nachfrager auf Preisänderungen nicht oder kaum reagieren. Mit der Premiumpreisstrategie werden häufig Luxusmarkenartikel (Premiummarken) angeboten (z.B. Chanel, Prada).

Mittel- oder Durchschnittspreisstrategie

Hierbei wird das Produkt in einer durchschnittlichen Preislage angeboten. Die Durchschnittspreisstrategie findet beispielsweise bei Handelsmarken oder nicht exklusiven Markenartikeln mit einem mittleren Qualitätsniveau Anwendung. Der Vertrieb dieser Produkte erfolgt in der Regel über Fachgeschäfte (z.B. Esprit, Betty Barclay).

Sowohl bei der Premium- als auch bei der Mittelpreisstrategie handelt es sich um Preisstrategien, die für Markenartikel unterschiedlicher

Qualitätsstufen geeignet sind. Häufig werden die Premium- und Mittelpreisstrategie zusammengefasst zur Hochpreisstrategie.

Niedrig- oder Promotionspreisstrategie

Bei dieser Strategie wird ein Produkt zu einem niedrigen Preis auf den Markt gebracht. Hierdurch werden schnell sehr hohe Absatzmengen erreicht und damit Marktanteile gesichert. Die Zielgruppe sind Preiskäufer. Das Qualitätsniveau genügt den Mindestanforderungen (z.B. Gattungsmarken), der Verpackungsaufwand ist gering, Werbung für das Produkt wird kaum gemacht.

Eine dauerhafte Niedrigpreispolitik wird beispielsweise von Discountern wie ALDI, Lidl oder KiK verfolgt.

Aufgaben zur Selbstkontrolle	**1. Beantworten Sie bitte durch Ankreuzen!**	richtig	falsch
	Die Preisbildung orientiert sich in erster Linie an den betrieblichen Kosten.		
	Variable Kosten sind der Teil der Gesamtkosten, der vom Beschäftigungsgrad des Betriebs abhängig ist.		
	Der Preis ist das wichtigste absatzpolitische Instrument.		
	Der Preiskämpfer erzielt den höchsten Preis am Markt.		
	Mit der Preiselastizität kann man beschreiben, wie sich die Nachfrage bei Preiserhöhungen und Preissenkungen verhält.		
	Eine unelastische Nachfrage ist für einen Anbieter vorteilhaft, da ein höherer Preis zu einem höheren Umsatz führt.		
	Es müssen keine besonderen Voraussetzungen gegeben sein, um Preise differenzieren zu können.		

Aufgaben zur Selbstkontrolle

Wenn das gleiche Arzneimittel in unterschiedlichen Ländern zu unterschiedlichen Preisen angeboten wird, handelt es sich um eine kundenbezogene Preisdifferenzierung.		
Die Penetrationsstrategie wird vor allem bei Produkten mit hohem Innovationsgrad angewandt.		
Ein Ziel der Penetrationsstrategie ist es, schnell Marktanteile zu gewinnen.		
Voraussetzung für die Skimmingstrategie ist, dass es zu dem Produkt keinen oder nur geringen direkten Wettbewerb gibt.		
Bei der Premiumpreisstrategie möchte das Unternehmen langfristig hohe Preise erzielen.		
Eine Niedrigpreisstrategie ist sinnvoll bei einer niedrigen Preiselastizität der Nachfrage.		
Rabatte halten Preise flexibel.		
Bei der Break-even-Analyse wird bestimmt, ab welcher Absatzmenge die Gesamtkosten gedeckt sind.		

2. Break-even-Analyse: Beantworten und berechnen Sie!

Bei der Neueinführung eines Produkts erwartet ein Unternehmen im ersten Jahr einen Absatz von 3.000 Stück. Die Fixkosten liegen bei 120.000 Euro pro Jahr. Der angestrebte Marktpreis beträgt 50 Euro, die variablen Stückkosten liegen bei 20 Euro.

a. Wie lautet die allgemeine Formel zur Berechnung der Break-even-Menge?

b. Wie hoch ist der Stückdeckungsbeitrag bei dem angestrebten Marktpreis?

c. Wie hoch ist der voraussichtliche Gesamtdeckungsbeitrag im ersten Jahr?

d. Bei welcher Menge würde im ersten Jahr der Break-even-Point erreicht?

e. Wie hoch ist der Gewinn bzw. Verlust im ersten Jahr?

f. Wie hoch müsste bei der geplanten Absatzmenge der Verkaufspreis sein, um bereits im ersten Jahr kostendeckend zu arbeiten?

8 Vertriebs- und Distributionspolitik – Der Weg zum Käufer

8.1 Ziele der Distributionspolitik

Die Distributionspolitik (auch Vertriebspolitik genannt) bezieht sich auf alle Entscheidungen, die den Weg eines Produkts oder einer Dienstleistung vom Hersteller zum Endabnehmer betreffen (in Anlehnung an Meffert 2000, S. 600).

Die Distribution spielt eine außerordentlich wichtige Rolle für den Erfolg eines Unternehmens. Ein gutes Produkt bleibt für ein Unternehmen wertlos, wenn es interessierten Kunden nicht verfügbar gemacht werden kann.

Unternehmen sind daher ständig auf der Suche nach neuen, kundenorientierten Vertriebswegen und verlassen immer öfter herkömmliche Bahnen (z.B. stark wachsender E-Commerce, Zeitungen und Reisen beim Discounter, Teleshopping, Factory-Outlets, Bankprodukte in Tankstellen u. Supermärkten).

Die Präsentation und Beratung an der Verkaufsstelle (Point of Sale, PoS) sollen zudem das jeweilige Image des Unternehmens und der Marke widerspiegeln.

Steigender Wettbewerbsdruck auf gesättigten Käufermärkten führt dazu, dass die Zufriedenheit der Kunden immer wichtiger für den nachhaltigen Unternehmenserfolg wird. Die Kundenzufriedenheit wird durch leicht erreichbare Verkaufsstellen und/oder eine zuverlässige, schnelle und preisgünstige Lieferung wesentlich erhöht.

Die Distributionskosten sind in der Regel sehr hoch. Diese umfassen unter anderem die Kosten für die Lagerhaltung (hohe Kapitalbindung), Transportkosten und die Gehälter und Provisionen für Vertriebsmitarbeiter im Innen- und Außendienst.

Vor diesem Hintergrund verfolgt die Distributionspolitik vor allem folgende Ziele:

- den Vertriebsweg so auszuwählen, dass er den Marketingmix optimal ergänzt (z.B. hinsichtlich des Images und der Beratungsqualität),

- die Logistik kundenorientiert zu gestalten (Lagerhaltung, Transport, Warenfluss),

- die Vertriebskosten niedrig zu halten,

- den richtigen Standort zu wählen.

8.2 Indirekter Vertrieb

Meistens bringen oder schicken Unternehmen ihre Produkte nicht direkt zum Kunden, sondern nutzen dafür Absatzmittler wie Groß- und Einzelhändler. Diese sind rechtlich und wirtschaftlich selbstständig. Sie kaufen die Produkte beim Hersteller ein, um sie mit einem Aufschlag (Handelsspanne) weiterzuverkaufen. Der Händler übernimmt wichtige Handelsfunktionen (siehe unten) und trägt das volle Absatzrisiko. Die Produkte gelangen mittelbar (indirekt) vom Hersteller zum Kunden.

Indirekter Vertrieb bietet sich vor allem an bei

- vielen Kunden und Nachfragern,

- kleinen Einkaufsmengen mit großer Einkaufshäufigkeit (z.B. Konsumartikel wie Lebensmittel),

- großer geografischer Streuung der Kunden.

Tiefe und Breite des Vertriebsweges
Der indirekte Vertriebsweg lässt sich nach Tiefe und Breite unterscheiden. Die Tiefe gibt Auskunft über die Anzahl der Handelsstufen (ein-, zwei- oder mehrstufig), die Breite über die Anzahl der Vertriebsstellen pro Handelsstufe (vgl. Pepels, Kotler).

Tiefe des Vertriebsweges

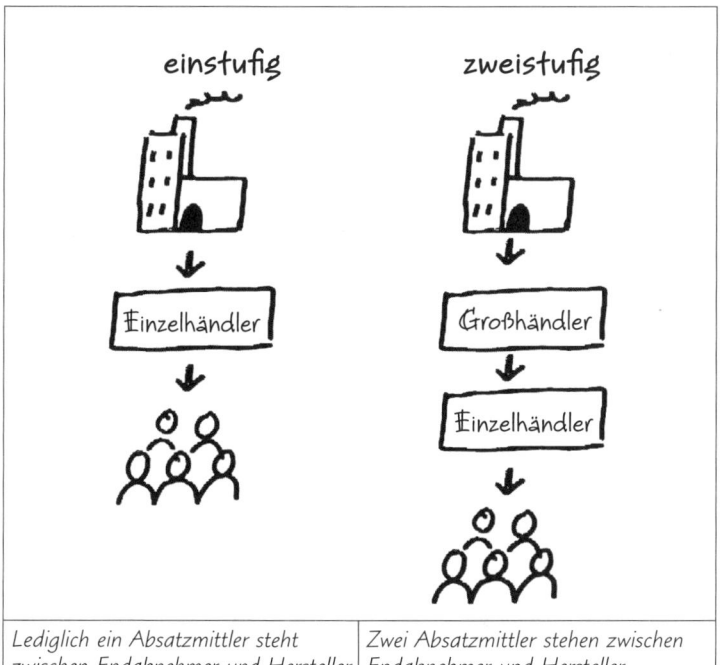

Lediglich ein Absatzmittler steht zwischen Endabnehmer und Hersteller.	Zwei Absatzmittler stehen zwischen Endabnehmer und Hersteller.

Breite des Vertriebsweges

Intensiv:	Das Produkt wird über sehr viele Vertriebsstellen angeboten, ist also sehr gut erhältlich (z.B. Coca-Cola).
Selektiv:	Das Produkt ist bewusst nur über ausgewählte Vertriebsstellen zu erhalten (z.B. Parfum im Fachgeschäft).
Exklusiv:	Nur einzelne Vertriebsstellen, im Extremfall eine, bieten das Produkt in einem bestimmten Gebiet an (z.B. Exklusivhändler für Luxusautos wie Ferarri).

Handelsfunktionen
Die Funktionen des Handels können in vier große Bereiche eingeteilt werden (Lerchenmüller 1992).

Handelsfunktionen	
Raumüberbrückung	*Der Händler überbrückt die Entfernung vom Hersteller zum Kunden. Er ermöglicht eine flächendeckende Verteilung der Produkte.*
Zeitüberbrückung	*Der Händler hält Ware vorrätig, um den Bedarf des Kunden jederzeit decken zu können.*
Mengenfunktion	*Der Händler kauft die Ware in großen Mengen ein und verkauft sie in kundengerechten Mengen.*
Akquisefunktion	*Der Händler steigert den Absatz der Produkte des Herstellers, z.B. durch Beratung, Service, Händlerwerbung, Kreditgewährung, Preisange- bote.*

Betriebstypen des indirekten Vertriebs

Großhandel

Großhändler kaufen und verkaufen Waren auf eigene Rechnung und im eigenen Namen. Der Einkauf erfolgt direkt beim Hersteller oder bei anderen Großhändlern. Abgesetzt werden Waren an Einzelhändler, Großhändler, produzierendes Gewerbe, Handwerks- und Dienstleistungsunternehmen und Großverbraucher wie Krankenhäuser.

Rack-Jobber sind Regalgroßhändler, die Regalfläche im Einzelhandel angemietet haben und diese auf eigene Rechnung und auf eigenes Risiko mit Ware bestücken.

Cash-and-carry-Märkte sind Abholgroßmärkte, bei denen sich die Käufer selbst bedienen und sofort bar bezahlen (z.B. Metro AG). Auch der Transport wird von den Käufern übernommen.

Einzelhandel

Der Einzelhandel beschafft Waren von einem anderen Unternehmen und verkauft diese unverändert an Endverbraucher für deren persönlichen, nicht gewerblichen Verbrauch (Ausschuss für Begriffsdefinition aus der Handels- und Absatzwirtschaft 1995).

Betriebstypen des Einzelhandels

Grundsätzlich lässt sich der Einzelhandel in den Versandhandel (Universal- und Spezialhändler), stationären Einzelhandel (mit festen Verkaufsstellen wie Ladengeschäfte, Kioske, Automaten) und den ambulanten Einzelhandel (mobile Verkaufsstellen wie Marktstände, Haustürgeschäfte, Schaustellerbuden) unterteilen. Im Folgenden werden ausgewählte Betriebstypen des stationären Einzelhandels näher beschrieben.

Ausgewählte Betriebstypen des stationären Einzelhandels

Fachgeschäft (z.B. Parfümerie, Spielwarenfachgeschäft): Innenstadtlage, schmales, tiefes, gediegenes Sortiment, kleine Verkaufsflächen, mittlere Preise, Bedienung durch sehr qualifiziertes Fachpersonal.

Spezialgeschäft (z.B. Hundeboutique, Anglerbedarf): großstädtische Innenstadtlagen, noch tieferes und schmaleres Sortiment als Fachgeschäft, dabei sehr gediegen bis luxuriös, eher kleine Verkaufsflächen, hohe Preise, Bedienung durch sehr qualifiziertes Fachpersonal.

Fachmarkt (z.B. Mediamarkt, Baumarkt): Innenstadtlage, breites und tiefes, manchmal gediegenes Sortiment auf Branche beschränkt, große Verkaufsflächen, aggressive Preisgestaltung, Selbstbedienung.

Warenhaus (z.B. Karstadt, Galeria Kaufhof): meist zentral in der Stadtmitte gelegen, breites und tiefes Sortiment, häufig auch Dienstleistungen, großflächige über mehrere Stockwerke gehende Verkaufsflächen (mind. 3.000 m²), eher hochpreisig, Vorwahl des Kunden und Selbstbedienung.

Kaufhaus (z.B. Peek & Cloppenburg, C&A): zentrale Innenstadtlage, engeres und tieferes Sortiment als das Warenhaus, oft nur eine Warengattung z.B. Bekleidung, mittlere Verkaufsflächen, manchmal aggressive Preisgestaltung, Vorwahl und Bedienung.

Supermarkt: Innenstadtlage, bietet hauptsächlich Waren des täglichen Bedarfs und ergänzende problemlose andere Waren, große Verkaufsfläche zwischen 400 m² und 1.000 m², manchmal aggressive Preisgestaltung, Selbstbedienung.

SB-Warenhaus (z.B. real, Kaufland): eher Stadtrandlage, Geschäfte mit warenhausähnlichem Sortiment, breites und hinreichend tiefes einfaches Sortiment, je nach Größe zwischen 25.000 und 100.000 Artikel, Verkaufsfläche mind. 1.000 m² oft bis 5.000 m², preisaggressiv, Selbstbedienung, zentrale Kassenausgänge.

Discounter (z.B. ALDI, Lidl): eher Stadtrandlagen, breites und flaches einfaches Sortiment, mittlere Verkaufsflächen, einfache Ausstattung, konsequente aggressive Niedrigpreispolitik, Selbstbedienung.

8.3   Direkter Vertrieb

Beim direkten Vertrieb gelangt das Produkt ohne Umweg vom Hersteller direkt zum Endabnehmer. Entweder wird das Produkt zum Kunden gebracht/geliefert oder der Hersteller betreibt eigene Verkaufsstellen.

Direkter Vertrieb bietet sich vor allem an bei
- wenigen (Groß-)Kunden,
- nicht standardisierten Produkten, speziell wenn eine auftragsorientierte Fertigung vorliegt,
- Gütern mit hohem Auftragswert,
- erklärungsbedürftigen, beratungsintensiven Produkten,
- seltener oder nur gelegentlichem Bedarf und Nachfrage,
- großen Herstellern, die eine Markenfamilienstrategie verfolgen und ein bedarfsorientiertes, breites Sortiment anbieten (IKEA, H&M mit eigenen Verkaufsstellen).

Vertriebsorganisation

Je nachdem, wie der Direktvertrieb organisiert ist, werden Teilaufgaben der Distribution von unternehmenseigenen, internen und/oder unternehmensfremden, externen Organen übernommen. Typische betriebsinterne Vertriebsorgane sind der Vertriebsinnen- und außendienst, die Vertriebsleitung, Filialketten, eigene Verkaufsniederlassungen, Reisende, usw.

Häufig übernehmen unternehmensfremde, rechtlich selbstständige Absatzhelfer Teilaufgaben des Vertriebs. Z.B. transportieren Spediteure die Produkte zum Endabnehmer, Handelsvertreter schließen im Namen des Herstellers Geschäfte ab (Abschlussvertreter) oder Makler bahnen Geschäftsabschlüsse an (Vermittlungsvertreter). Kommissionäre stellen gegen eine Kommissionsgebühr die Waren aus und übernehmen im eigenen Namen den Verkauf, erlangen aber kein Eigentum an der Ware.

Beim Franchising übernimmt der Franchisenehmer ein erprobtes, unternehmerisches Gesamtkonzept und darf gegen eine Lizenzgebühr diese Idee verwerten. Der Franchisegeber kann bei relativ niedrigen Kosten sehr schnell ein vollständiges Distributionssystem nach eigenen Vorstellungen aufbauen (z.B. McPaper, Blume 2000).

Gegenüberstellung Reisender versus Handelsvertreter

Häufig werden in der Literatur der unselbstständige Reisende (betriebsinternes Organ) und der selbstständige Handelsvertreter (betriebsexterner Absatzhelfer) gegenübergestellt.

Der Reisende

Der Reisende ist ein weisungsgebundener Angestellter des Herstellers, der in dessen Auftrag Kunden und potenzielle Kunden oft nach vorgegebenen Plänen besucht. Die geografischen Einsatzgebiete des Reisenden können durch den Hersteller beliebig geändert werden. Der Hersteller hat einen starken Einfluss auf die Qualität der Verkaufsgespräche und der Betreuung der Kunden. Im Idealfall identifiziert sich der Reisende mit dem Hersteller und präsentiert die Produkte im Sinne des Unternehmens. Der Reisende erzeugt jedoch hohe fixe Kosten, sein Grundgehalt muss unabhängig von der Auftragslage gezahlt werden (überwiegend fixe Kosten des Vertriebs). Zu seinem Grundgehalt erhält der Reisende in der Regel eine erfolgsabhängige Provision.

Handelsvertreter

Der Handelsvertreter ist ein rechtlich selbstständiger Gewerbetreibender der ein oder mehrere Unternehmen ständig vertritt. Er schließt für den Hersteller Verträge mit den Kunden ab, die Produkte bleiben jedoch im Eigentum des Herstellers. Der Handelsvertreter erhält bei erfolgreichem Vertragsabschluss eine Provision, mit der alle Kosten abgegolten sind (überwiegend variable Kosten des Vertriebs). Wird der Vertrag mit dem Handelsvertreter beendet, hat dieser als Gegenleistung für die Kundenbeziehungen, die er für den Hersteller aufgebaut hat, einen Anspruch auf Ausgleichszahlung (§ 89b HGB).

8.4 Beurteilung der Vertriebswege aus Herstellersicht

Natürlich gibt es für die herstellenden Unternehmen je nach Branche Vor- und Nachteile des direkten und indirekten Vertriebs.

Für den indirekten Vertrieb spricht, dass die Erfahrung und die Kundennähe der Absatzmittler genutzt werden können. Die fixen Vertriebskosten sind relativ niedrig und die Organisation des Vertriebs ist einfach. Gleichzeitig wird eine breite Absatzbasis hergestellt.

Auf der anderen Seite muss der mögliche Gewinn mit dem Handel geteilt werden (kürzere Gewinnspanne). Je mehr Stufen der indirekte Vertrieb hat, umso stärker fällt dies ins Gewicht. Zudem kann der Hersteller nur schwer kontrollieren, wie seine Produkte beworben und dargeboten werden. Auch auf die imagewirksame Preisgestaltung des Händlers hat der Hersteller keinen direkten Einfluss. Hat der Hersteller nur wenige große Händler als Vertriebspartner, besteht zudem die Gefahr der Abhängigkeit.

Beim direkten Vertrieb gibt es keine Gewinnteilung und somit auch keine Verteilungskonflikte. Der Hersteller behält die volle Kontrolle über die imagegemäße Darbietung seiner Produkte und bleibt unabhängig von Absatzmittlern. Allerdings sind die fixen Vertriebskosten sehr hoch und der Organisationsaufwand ist beträchtlich. Eine breite Distribution ist auf direktem Wege wesentlich schwieriger und mit höheren Fixkosten zu realisieren als beim indirekten Vertrieb. Der direkte Vertrieb fand sich lange Zeit vor allem im Investitionsgütermarkt, durch die Stärkung des E-Commerce gewinnt er jedoch auch im Konsumgüterbereich an Bedeutung. Heute nutzen viele Unternehmen sowohl direkte als auch indirekte Vertriebswege (Multi-Channel-Vertrieb).

8.5   Besonderheiten der Distribution von Dienstleistungen

- Dienstleistungen werden meist direkt vertrieben (immer öfter über das Internet – z.B. Reisen).
- Die Standortwahl spielt eine große Rolle.
- Filial- und Franchisesysteme sind häufig.
- Dienstleistungen können vom Kunden „geholt" (Holstruktur – z.B. neue Frisur im Friseursalon) oder zum Kunden gebracht werden (Bringstruktur – z.B. Klavierstunde im eigenen Heim, Pannenhilfe auf einem Autobahnparkplatz).
- Die Erreichbarkeit (z.B. Öffnungszeiten) ist wichtig für die Kundenzufriedenheit.
- Die Auslastung und damit die Verfügbarkeit muss häufig über Terminvergabe oder Preisdifferenzierung gesteuert werden.
- Der Umgang mit eventuell auftretenden Wartezeiten muss geplant werden.

Aufgaben zur Selbstkontrolle

1. Beantworten Sie bitte durch Ankreuzen!

	richtig	falsch
Der Vertriebskanal muss so ausgewählt werden, dass er den Marketingmix optimal ergänzt.		
Beim Handelsvertreter wird die Arbeitszeit von der Verkaufsleitung vorgegeben.		
Die durch einen Reisenden verursachten Kosten sind für ein Unternehmen überwiegend variabel.		
Reisende sind selbstständige Gewerbetreibende, die ihre Tätigkeit im Wesentlichen frei gestalten.		
Beim mehrstufigen Vertrieb sind zwei oder mehrere Absatzmittler zwischen Endabnehmer und Hersteller geschaltet.		
Der Franchisenehmer ist ein rechtlich selbstständiger Unternehmer.		
Großhändler setzen ihre Waren an Händler, Weiterverarbeiter oder Großverbraucher ab.		
Ein Ziel der Marketinglogistik ist der kundenorientierte Warenfluss.		
Die Wahl des Vertriebsweges hat wenig Einfluss auf das Image.		

2. Kreuzen Sie bitte an! Auf welche Absatzwege treffen die folgenden Aussagen zu?

	Direkter Vertrieb	Indirekter Vertrieb
Es werden bewusst unternehmensfremde, rechtlich selbstständige Absatzmittler eingeschaltet.		
Die Produkte werden vom Hersteller direkt an die Endabnehmer abgesetzt.		
Dieser Absatzweg bietet sich vor allem bei erklärungsbedürftigen, beratungsintensiven Produkten an.		

9   Kommunikationspolitik

9.1   Ziele der Kommunikationspolitik

Wichtige Kommunikationsziele sind:
- eine Marke (Unternehmens- oder Produktmarke) bekannt zu machen,
- Einstellungen und Präferenzen bei Zielpersonen zu prägen,
- ein bestimmtes Image (Unternehmens- oder Produktimage) aufzubauen, zu festigen oder zu verändern,
- die (potenziellen) Kunden und Geschäftspartner über das Unternehmen und seine Leistungen zu informieren („aufzuklären"),
- bestimmte Handlungen bei den Zielgruppen des Unternehmens auszulösen (z.B. Bestellungen).

> *Die Kommunikationspolitik zielt im Wesentlichen auf die Beeinflussung von Denkhaltungen und Gefühlen.*

Die Kommunikationsziele beziehen sich also nicht direkt und unmittelbar auf das Erreichen messbarer ökonomischer Größen wie Umsatz oder Gewinn. Die meisten Kommunikationsziele sind psychologische Marketingziele.

9.1.1   Bekanntheit

Ein hoher Bekanntheitsgrad bedeutet, dass viele Mitglieder der relevanten Zielgruppe die betreffende Marke kennen. Das ist wichtig, denn je mehr Menschen eine Marke kennen, desto höher ist die Wahrscheinlichkeit, dass die Marke von vielen Menschen gekauft wird. Mit einem hohen Bekanntheitsgrad steigert man als Anbieter die Absatzchancen – wenn die Menschen, die die Marke kennen, zur Zielgruppe gehören.

Gesetzt den Fall, die relevante Zielgruppe der neuen Zeitschrift „Paul" wären alle ledigen Männer im Alter zwischen 20 und 24 Jahren in Deutschland. Das sind etwa 150.000 Menschen. Von dieser Grundgesamtheit (= 100 %) müssen wir ausgehen, um den Bekanntheitsgrad zu ermitteln. Wenn ein halbes Jahr nach der groß angelegten Markteinführung 60.000 Zielpersonen „Paul" kennen, hat die Zeitschrift folglich einen Bekanntheitsgrad von 40 % in der relevanten Zielgruppe.

Dabei unterscheidet man:
- Gestützte Bekanntheit (Aided Recall) – besagt, dass die Menschen sich an eine Marke erinnern, wenn sie den Markennamen hören oder lesen. Die gestützte Bekanntheit von „Paul" ließe sich beispielsweise ermitteln, indem man den Probanden eine Liste mit Namen von Männermagazinen vorlegt und sie ankreuzen lässt, welches Magazin sie (wenigstens vom Namen her) kennen.
- Ungestützte Bekanntheit (Unaided Recall) – bedeutet, dass dem Probanden ein bestimmter Markenname einfällt, ohne dass ihm eine Auswahl von Marken vorgelegt wird. Auf die Frage nach Männerzeitschriften müsste in unserem Beispiel der Befragte nach kurzem Nachdenken ohne Hilfestellung „Paul" antworten.

9.1.2 Einstellungen und Image

Einstellungen sind eindimensionale Orientierungsmuster, die sich jeweils auf ein einziges Beurteilungskriterium beziehen (z.B. „Das mag ich" oder „Das gefällt mir nicht").

Ein wichtiges Kommunikationsziel ist die Gewinnung von Sympathien. Der Verbraucher soll der Marke gegenüber positiv eingestellt sein, er soll sie mögen. Wenn der Verbraucher den Auftritt eines Anbieters am Markt mag, besteht eine größere Chance, dass er sich für diesen Anbieter entscheidet. (Das gilt natürlich nicht nur für Anbieter, also Unternehmen, sondern auch für Produkte.)

Images sind mehrdimensionale Orientierungsmuster, die mehrere Beurteilungskriterien zu einem komplexen Bild verbinden. Beispiel: *„Die Automarke X baut zwar mittlerweile schönere Autos, bietet aber nach wie vor schlechtere Verarbeitungsqualität als die Marke Y; für meinen erreichten sozialen Status wäre Marke X nicht angemessen; würde ich mich dafür entscheiden, könnte mein Ruf darunter leiden – ich könnte als „Billigkäufer" ohne Qualitätsbewusstsein angesehen werden oder als beruflich erfolglos, sodass ich mir kein besseres Auto leisten kann."*)

> *Ein Image ist also ein Bild, das ein Mensch von einer Sache oder Person hat.*

Dabei handelt es sich um seine ganz subjektive Vorstellung z.B. von einer Branche, einem Unternehmen, einer Partei, einem Produkt oder einem anderen Menschen. Objektive Images gibt es nicht.

Einstellungen und Images erleichtern dem Verbraucher – als Orientierungsmuster – die Entscheidung für oder gegen eine Marke. Der Verbraucher findet sich im „Dschungel" der vielen, immer ähnlicher werdenden Angebote zurecht. Er kann sich trotz der Reizüberflutung (relativ) klar orientieren, den Auswahlprozess abkürzen und die mit der Kaufentscheidung verbundene Unsicherheit reduzieren. Einstellungen und Images sind gewissermaßen „Vorurteile", die den Verbraucher vor Überforderung schützen.

Das Image einer Marke ist im Marketing von besonderer Bedeutung, weil Produkte und Dienstleistungen immer homogener werden und sich kaum noch über echte, messbare Leistungsvorteile unterscheiden. Wenn die Produkte alle den gleichen Grundnutzen aufweisen, werden sie austauschbar – es sei denn, der über das Markenimage erreichbare Zusatznutzen (z.B. Status, Prestige) macht sie zu etwas Besonderem.

Nun hat jeder Mensch sein ganz eigenes Bild von einem bestimmten Produkt oder Unternehmen. Mit Maßnahmen u.a. der Marketingkommunikation, aber auch der Produktgestaltung und der Preispolitik, versucht man als Anbieter zu erreichen, dass alle Menschen, die zu einer definierten Zielgruppe gehören, ein ähnliches Bild vom Unternehmen oder vom Produkt im Kopf haben. Erst dann kann man von einem Unternehmens- bzw. Produktimage sprechen. Ein solches Markenimage gezielt aufzubauen oder positiv zu verändern, dauert oft sehr lange.

9.1.3   Information („Aufklärung" des Verbrauchers)

Die Verbraucher entscheiden natürlich nicht ausschließlich auf der Basis von Einstellungen und Images (Orientierungsmustern), sondern auch anhand von Fakten. Deshalb ist es wichtig, dem Verbraucher mit sachlicher Information eine Entscheidungsgrundlage zu liefern, z.B. zu den Produktbestandteilen, zum Herstellungsverfahren, zur Erhältlichkeit (wo, ab wann) und zum Preis.

Man schafft mit der Information über das Unternehmen und die angebotene(n) Leistung(en) keine wirkliche Markttransparenz, sorgt aber dafür, dass der Verbraucher ausreichend informiert („aufgeklärt") ist, um als „mündiger Verbraucher" eine für ihn sinnvolle Entscheidung zu treffen. Er kann sich Informationen aus mehreren Quellen beschaffen, kann vergleichen und daraufhin die aus seiner Sicht – nach seiner persönlichen Präferenzstruktur – optimale Entscheidung treffen.

9.1.4 Aktivierung (AIDA-Modell von Lewis)

Neben den mittel- bis langfristigen Kommunikationszielen verfolgt ein Unternehmen auch kurzfristige Kommunikationsziele. Vor allem im Direktmarketing, im persönlichen Verkauf und in der Verkaufsförderung geht es häufig um schnellen Absatz. Hier soll der Verbraucher direkt zu einer Handlung (z.B. zum Kauf) „provoziert" werden.

In dem 1898 von Elmo Lewis entwickelten AIDA-Modell wird der Verkaufsprozess vom Erstkontakt bis zum Kaufakt idealtypisch beschrieben. Das Modell wurde ursprünglich zur Optimierung der Gesprächsführung im persönlichen Verkauf entwickelt; mittlerweile wird es als Stufenmodell zur Beschreibung der Werbewirkung bei fast allen Maßnahmen der Marketingkommunikation zugrunde gelegt.

AIDA steht für

Attention (Aufmerksamkeit erregen, z.B. durch Farbe und Platzierung eines Werbemittels)

Interest (Interesse wecken, z.B. an der Werbebotschaft/Produktdarstellung)

Desire (Wunsch erzeugen, z.B. Kaufwunsch)

Action (Aktion/Handlung auslösen, z.B. Bestellung)

- *Man muss als Anbieter zunächst die Aufmerksamkeit des (potenziellen) Kunden erregen. Wenn der das Angebot nicht wahrnimmt, kann er sich natürlich auch nicht dafür interessieren, es käuflich zu erwerben.*

- *Ist es gelungen, die Aufmerksamkeit des Verbrauchers auf die Kommunikationsmaßnahme (z.B. einen TV-Spot) zu lenken, kann man durch eine zielgruppengerechte Gestaltung (z.B. durch eine besonders humorvolle Art der Darstellung) das Interesse des Verbrauchers am Angebot wecken.*

- *Wenn das beworbene Produkt nun auch noch den Bedürfnissen und Vorstellungen des Verbrauchers entspricht, kann man bei ihm den Wunsch erzeugen, mehr über das Produkt zu erfahren oder es gleich zu kaufen.*

- *Das Ziel ist erreicht, wenn der Verbraucher seinem Kaufwunsch folgt, also handelt. Dann war die Kommunikationsmaßnahme erfolgreich.*

9.2   Instrumente der Marketingkommunikation

Es gibt zahlreiche Ansätze, die Kommunikationsmaßnahmen (z.B. Verfassen einer Presseinformation, Schaltung von Anzeigen oder Gestaltung des Internetauftritts) den Kommunikationsinstrumenten (wie Public Relations oder Werbung) zuzuordnen und sie in ein nachvollziehbares System zu bringen. Daraus resultiert eine enorme Begriffsvielfalt, die häufig auch zu Verwirrungen führt, weil die Begriffe nicht immer klar voneinander abzugrenzen sind.

Wir stellen hier ein übliches, in Praxis und Lehre etabliertes System dar. (Es gibt allerdings auch andere Auffassungen. Darauf sollten Sie vorbereitet sein.)

Übersicht über die Instrumente der Marketingkommunikation

Wir unterscheiden folgende Instrumente der Marketingkommunikation:

- *Werbung (9.2.1)*
- *Public Relations (Öffentlichkeitsarbeit) (9.2.2)*
- *Direktmarketing (9.2.3)*
- *Persönlicher Verkauf (9.2.4)*
- *Verkaufsförderung (Sales Promotion) (9.2.5)*
- *Beteiligung an Messen und Ausstellungen (9.2.6)*
- *Sponsoring (9.2.7)*
- *Product-Placement (9.2.8)*
- *Merchandising (9.2.9)*
- *Cross-Marketing (9.2.10)*
- *Ambient Media (9.2.11)*
- *Online-Marketing (9.2.12)*

9.2.1   Werbung

Werbung ist eine Form der Marketingkommunikation, bei der ein Anbieter versucht, seine Zielgruppe unter Nutzung von Massenmedien zu erreichen, um sie über das Unternehmen und seine Leistungen zu informieren und so mittelbar deren Kaufverhalten zu beeinflussen.

Die Werbung gilt nach wie vor als die „Königsdisziplin" der Marketingkommunikation. Wer einer Marke ein Gesicht geben will, kommt an der Werbung nicht vorbei. Deshalb spricht man bei der Werbung auch von Kommunikation „above the line", und zwar immer dann, wenn mit den „klassischen" Werbemitteln Anzeige, Plakat, Hörfunk-, TV- und Kinospot gearbeitet wird. Alle anderen Kommunikationsinstrumente (PR, Direktmarketing, Sponsoring etc.) werden als „Below-the-Line"-Maßnahmen bezeichnet.

Gestaltung von Werbebotschaften

Werbebotschaften müssen marken-, medien- und adressatengerecht gestaltet sein – man will den Verbraucher schließlich vom Angebot überzeugen. Dabei bestimmt der Inhalt die Form; die Gestaltung muss sich an der zu vermittelnden Botschaft und den zu erreichenden Kommunikationszielen (also der beabsichtigten Wirkung) orientieren. Wichtig ist vor allem die Orientierung an den Bedürfnissen und Wünschen des Kunden: Der Wurm muss schließlich dem Fisch schmecken, nicht dem Angler.

Zur adressatengerechten Gestaltung von Werbebotschaften wird häufig mit der Copy Platform (oder auch: Copy-Strategie) gearbeitet.

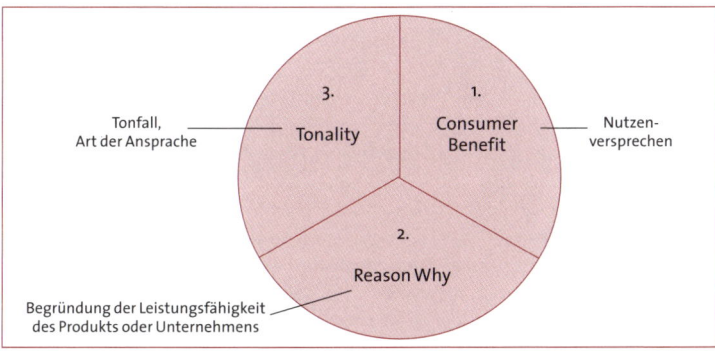

Abb. 9.1: Copy Platform (Copy-Strategie) in Anlehnung an Schneider/ Pflaum: Werbung in Theorie und Praxis, 2003, S. 251

Dabei geht man vom Consumer Benefit aus und arbeitet sich dann im Uhrzeigersinn vor, sodass eine sinnvolle Argumentationskette aufgebaut wird. Die Argumentation basiert immer auf einem für den (potenziellen) Kunden relevanten Produktnutzen (Consumer Benefit). Man verspricht dem Verbraucher einen bestimmten Nutzen, den er aus der Inanspruchnahme der Leistung haben könnte. In der Regel muss man dem Kunden erklären, warum dieser Nutzen für ihn erstrebenswert wäre und warum man als Anbieter in der Lage ist, ihm diesen Nutzen zu verschaffen (Reason Why). Ist diese Argumentationskette aufgebaut, verleiht man der Werbung mit der passenden Tonality einen Charakter, der sowohl der beworbenen Marke gerecht wird als auch dem Selbstverständnis des Empfängers entspricht.

Beispiel

Ein Bildungsträger bietet kaufmännische Weiterbildungen an. Sein neues Angebot ist die Weiterbildung zum Tourismusmanager. In diesem Kurs werden die Teilnehmer praxisgerecht auf Management-Aufgaben im Tourismus- und Freizeitbereich hin ausgebildet. Zusätzlich bereitet der Kurs auf die IHK-Prüfung „Tourismusfachwirt" vor. Die Zielgruppe sind Menschen mit Berufserfahrung in den Bereichen Hotellerie, Reiseverkehr, Gastronomie und Freizeiteinrichtungen.

- *Consumer Benefit: Praxisgerechte Weiterbildung, Erweiterung des Kenntnisstandes, qualifizierter Abschluss (IHK als Gütesiegel), dadurch deutlich verbesserte Chancen am Arbeitsmarkt – sowohl für den Wiedereinstieg als auch für die berufliche Aufwärtsentwicklung in Führungspositionen, hohe Sicherheit für Kursteilnehmer.*
- *Reason Why: Bildungsträger ist bereits seit 20 Jahren erfolgreich im Bereich kaufmännischer Weiterbildungen tätig; bedeutende Position im Markt (guter Ruf); fester Dozentenstamm mit mehrjähriger Berufspraxis in den unterrichteten Themenfeldern; Kurse finden mehrfach statt (keine Schnellschüsse, sondern ständige Optimierung der Angebote).*
- *Tonality: Sachliche, seriöse Ansprache in normaler Alltagssprache (kein Verwaltungsdeutsch!); übersichtlicher Aufbau der Informationsmaterialien; viele Zwischenüberschriften, oft in Frageform (Was erreichen Sie? Wie ist der Lehrgang aufgebaut? Was sollten Sie mitbringen?); Darstellung der Inhalte in leicht lesbaren, vollständigen Sätzen, nicht in Stichpunkten (Ausnahme: Aufzählung der Themenschwerpunkte). In der Tonality schwingt das Selbstverständnis des Anbieters mit: in diesem Fall das eines partnerschaftlichen Bildungsträgers mit hoher Ergebnisorientierung. Die Interessenten sollen aufgeklärt werden über das, was sie erwartet, sodass sie sich auf der Basis ausreichender Vorinformation bewusst für oder gegen die Teilnahme an der Weiterbildung entscheiden können.*

Die Grundlage der adressatengerechten Gestaltung von Werbebotschaften ist Verständlichkeit. Der Empfänger der Botschaft soll verstehen, was ihm angeboten wird – und warum das für ihn nützlich ist. Dazu gehört, dass man als Sender einer Werbebotschaft die für den Kunden wichtigen Argumente bringt, die Argumente nachvollziehbar strukturiert und sowohl die Sprache als auch die grafische Gestaltung so wählt, dass die Informationen vom Empfänger gut verarbeitet werden können (Text-Bild-Wirkung).

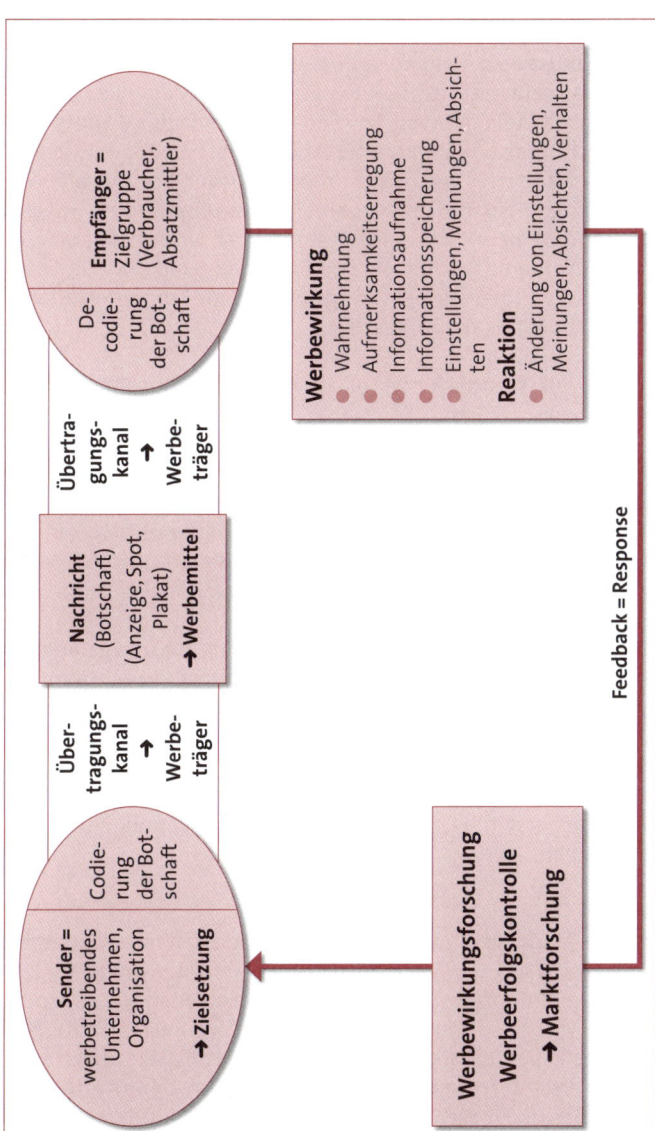

Abb. 9.2: Kommunikationsmodell (in Anlehnung an: Schnettler/Wendt: Kommunikationspolitik für Werbe- und Kommunikationsberufe, 2010, S. 9)

Kommunikationsmodell

Die Werbung muss aber nicht nur adressaten-, sondern darüber hinaus auch mediengerecht gestaltet werden. Werbung ist Massenkommunikation. Mit den Mitteln der Werbung (Anzeigen, Plakate, TV-Spots etc.) kann man nicht individuell und interaktiv in einen Dialog mit einem Verbraucher eintreten – anders als im persönlichen Verkauf oder im Direktmarketing. Vielmehr muss man Übertragungsmedien nutzen, um die Zielgruppe zu erreichen. Das hat natürlich Einfluss auf die Gestaltung der Werbemittel, weil sie den Bedingungen der Mediennutzung angepasst werden müssen. Das grundlegende Kommunikationsmodell ist in Abbildung 9.2 dargestellt.

In Grundzügen lässt sich der werbliche Kommunikationsprozess folgendermaßen beschreiben:

Der Sender verschlüsselt (codiert) seine Botschaft so, dass sie durch bestimmte Übertragungskanäle (Medien) übertragen werden kann. Dabei haben die verschiedenen Medien unterschiedliche Anforderungen an die Gestaltung von Botschaften: Das Fernsehen beispielsweise braucht Bild und Ton, eine Fachzeitschrift hingegen meistens nur das geschriebene Wort.

Die Botschaft wird nun durch die Medien übertragen und gelangt so zum Empfänger, der die Botschaft decodiert (wenn er sie wahrnimmt).

Hat der Empfänger die Botschaft wahrgenommen, entschlüsselt und verstanden, kann er befürwortend, ablehnend oder indifferent darauf reagieren, also ein Feedback geben.

Dieses Feedback wird über die Marktforschung – vor allem über die Werbewirkungsforschung – gemessen und gibt Anregungen für das weitere Vorgehen.

Werbemittel

Werbemittel sind die „Träger von Werbebotschaften". Klassische Werbemittel sind Anzeigen, Plakate, TV-, Kino- und Hörfunkspots. Darüber hinaus gibt es aber viele weitere, beispielsweise Flyer, Prospekte, Kataloge, Werbebriefe – bis hin zu diversen Give-aways (Stifte, Notizblöcke, Tüten, Bierdeckel etc.). Die Werbemittel müssen so gestaltet sein, dass sie das Interesse des Empfängers wecken. Denn Werbemittel, die nicht beachtet werden, können auch nicht auf den Verbraucher wirken.

Kriterien für die Gestaltung von Werbemitteln

Werbemittel müssen verständlich sein.
Die Sprache und die gewählte Symbolik sollen für den Empfänger der Botschaft (= Rezipient) nachvollziehbar sein. Dabei ist es aber völlig in Ordnung, wenn sich die Botschaft erst auf den zweiten Blick erschließt, der Rezipient also zum Nachdenken angeregt wird.

Werbemittel müssen auffallen.
Der für die Werbewirkung erforderliche hohe Aufmerksamkeitswert lässt sich beispielsweise über ein besonders auffälliges und interessantes Motiv („Eyecatcher") erzeugen. Gut funktionierende Eyecatcher sind u.a. Darstellungen von Kindern, Tierkindern, nackter Haut und Augen (am besten mit dunklen und vergrößerten Pupillen und einem Augapfel in sehr gesundem, reinem Weiß). Man kann aber auch mit kraftvollen Farben, Platzierungen oder Größe arbeiten.

Werbemittel müssen einprägsam sein.
Die Gestaltung der Werbemittel in Text und Bild sollte über das kurzfristige Erregen von Aufmerksamkeit hinaus auf mittel- bis langfristige Wirkungen zielen. Die Marke soll als Bild mit dem Attribut eines möglichen Problemlösers im Verbraucherbewusstsein verankert werden. Wenn der Verbraucher in eine Situation kommt, in der ihm die Nutzung der Marke bei der Lösung eines bestimmten Problems behilflich sein könnte, soll sie ihm sofort als Bild (Image) präsent sein. So kann er sich bei der Auswahl im Handel schneller orientieren und gezielt für die Marke entscheiden, die er aus der Werbung wiedererkennt. Dieses Wiedererkennen bezeichnet man als Recognition.

Werbemittel müssen kampagnenfähig sein.
Eine Marke braucht Kontinuität, also einen gleichbleibenden Auftritt am Markt, über mehrere Jahre hinweg. Isolierte Einzelmaßnahmen, die nicht zueinander passen, erzeugen kein schlüssiges Gesamtbild der Marke. Die einzelnen Werbemittel müssen „aus einem Guss" sein, einheitlich im Auftritt, gut wiedererkennbar und getragen von einer Idee, die langfristig fortsetzungsfähig ist.
„Ein in der täglichen Unternehmenspraxis oftmals missachteter Erfolgsfaktor ist die ausreichende Konstanz im werblichen Auftritt. Die häufigen personellen Wechsel bei Werbetreibenden und Agenturen führen nicht selten auch zu einem Wechsel in der verfolgten Strategie und damit zu teilweise gravierenden Anpassungen im kommunikativen Auftritt. (...) Bereits Mitte der 80er-Jahre wurde in einer Studie nachgewiesen, dass – gemessen an Umsatz und relativem Marktanteil – Marken wie Jack Daniel's und Marlboro, die innerhalb von 18 Jahren nur eine bzw. wenige Kampagnen durchführten, deutlich erfolgreicher waren als solche, die während dieses Zeitraums zwölf oder sogar fünfzehn unterschiedliche Werbekonzepte realisierten." (Vergossen 2004 S. 132)

Werbeträger

Werbeträger sind die Medien. Die Medien (insbesondere: Massenmedien) sind Trägersysteme für Informationen, also Übertragungskanäle für Botschaften. In der Werbung sind sie die „Träger von Werbemitteln", weil sie dafür sorgen, dass die Werbemittel dem Empfänger zugänglich gemacht werden. Medien lassen sich u. a. einteilen nach …

- der zugrunde liegenden Technologie (Print, Elektronik),
- dem Verbreitungsgebiet (regional, überregional) und
- der Erscheinungshäufigkeit (täglich, wöchentlich, monatlich).

Die Unterscheidung ist wichtig, weil sich die Nutzungssituation der Medien erheblich unterscheidet, woran sich wiederum die Werbung orientieren muss. So hat beispielsweise „Die Zeit" als überregionale Wochenzeitung keine Regionalberichterstattung. Wer sich für die Ereignisse in seiner Stadt oder Region interessiert, wird hier nicht fündig. „Die Zeit" ist folglich kein günstiger Werbeträger für regionale Anbieter.

„Die Zeit" erscheint wöchentlich und mit hohem journalistischem Anspruch, der ihr ein klares Profil gibt und ihr eine bestimmte Leserschaft erschließt: „Die Zeit" ist DIE Zeitung der kulturbewussten Intelligenz in Deutschland. Wenn ein Medium ein klares Profil hat, kann man als Werbetreibender gut einschätzen, ob man mit der Werbung in diesem Medium seine Zielgruppe erreichen kann (oder nicht).

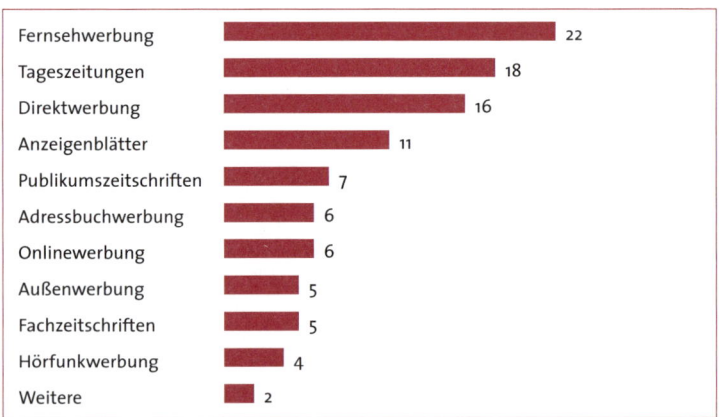

Abb. 9.3: Werbeumsätze der Medien 2012 (berechnet aus statistischen Angaben von ARD-Mediendaten: Media Perspektiven Basisdaten 2013)

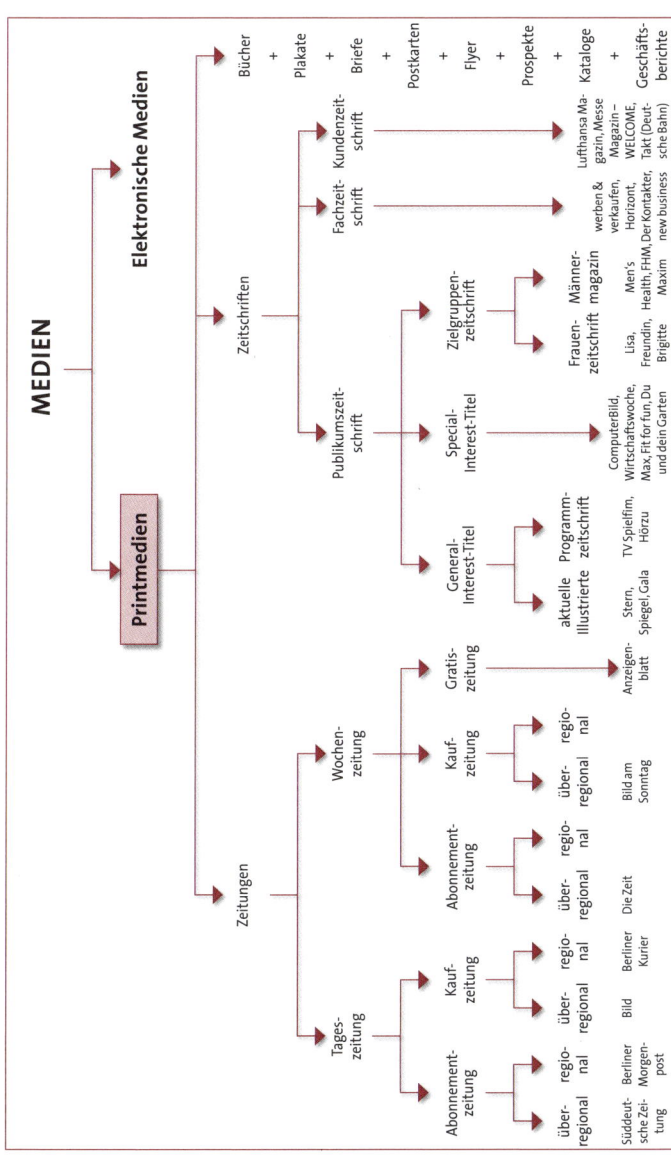

Abb. 9.4: Medientypologie / Teil 1: Printmedien

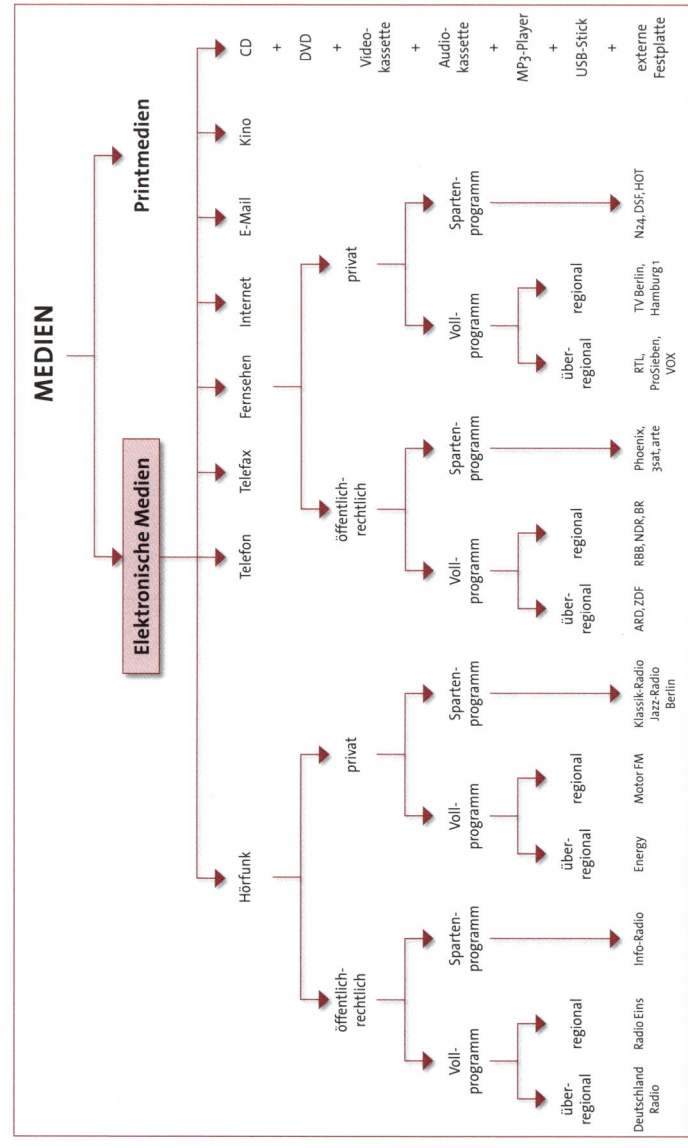

Abb. 9.5: Medientypologie / Teil 2: Elektronische Medien

Mediaplanung

Wie Abbildung 9.3 gezeigt hat, wurden im Jahr 2008 ca. 21 Milliarden Euro allein in die klassische Mediawerbung investiert. Das sind gewaltige Summen. Hier ist eine genaue Planung erforderlich, um die Investitionen berechenbar und kontrollierbar zu machen.

Über die Medien versucht ein Anbieter seine Zielgruppe zu erreichen, um deren Einstellungen und Verhalten beeinflussen zu können. Damit das gelingt, muss gewährleistet sein, dass ein genügend großer Teil der Zielgruppe das entsprechende Medium nutzt und das darüber transportierte Werbemittel zur Kenntnis nimmt. Abbildung 9.6 veranschaulicht die durchschnittliche tägliche Mediennutzung. Wir sehen: Mit dem Fernsehen erreicht man durchschnittlich 89 % der Deutschen. Fernsehen ist die reichweitenstärkste Mediengattung.

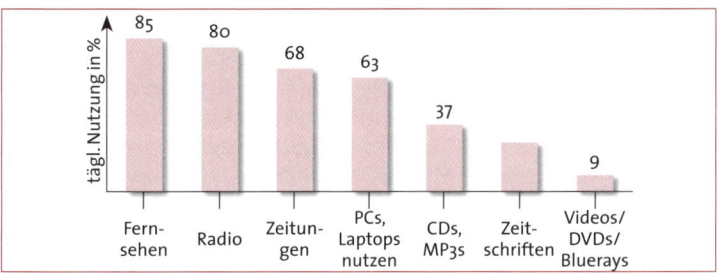

Abb. 9.6: Mehrmalige Nutzung einzelner Mediengattungen pro Woche, Durchschnittswerte 2013; Angaben in Prozent (Statistische Angaben publiziert in ARD-Mediendaten: Media Perspektiven Basisdaten 2013 nach Werten von ma 2013 radio II)

Um einschätzen zu können, mit welchen Medien man zu welcher Zeit seine Zielgruppe am besten erreicht, muss man wissen, wie oft, wie lange und wie intensiv das Medium von welchem Personenkreis genutzt wird.

Wichtigste Kriterien bei der Auswahl geeigneter Werbeträger sind:
- hohe Reichweite,
- zielgruppengerechte Nutzerstruktur,
- gutes Preis-Leistungs-Verhältnis,
- passendes redaktionelles Umfeld und
- zur Marke passendes Image des Werbeträgers.

Reichweite

Die Reichweite gibt an, wie viele Zielpersonen mit einem
bestimmten Werbeträger (z.B. TV-Sender) erreicht werden.

Wir kennen alle die „werberelevante Zielgruppe" der 14- bis 49-Jähri-
gen. Das sind in Deutschland etwa 40 Mio. Menschen. Wenn ein Fernsehsender davon 10 Mio. Menschen erreicht, hat er eine Reichweite von
25 % in dieser „werberelevanten" Zielgruppe. Wie lange die Zuschauer
fernsehen, spielt bei der Angabe der Reichweite keine Rolle. Alle Personen, die im Laufe eines Tages mindestens einmal eine Minute lang un-
unterbrochen fernsehen, werden gezählt.

Nun schaltet ein Werbetreibender seine Werbung nicht nur ein einziges Mal in einem Werbeträger, sondern in der Regel mehrmals, um
die Kontaktchance und damit die Werbewirkung zu erhöhen. Durch die
wiederholte Schaltung eines Werbemittels in einem Werbeträger ergeben sich Mehrfachkontakte. Die Summe dieser (kumulierten) Wer-
bekontakte bezeichnet man als Bruttoreichweite. Hier werden die
mehrfach kontaktierten Zielpersonen auch mehrfach gezählt. Wenn
also die Hälfte unserer 10 Mio. Zuschauer in der „werberelevanten Zielgruppe" länger ferngesehen hat und deshalb zweimal mit einem TV-
Spot in Berührung kam, beträgt die Bruttoreichweite 15 Mio. Personen.

Die Nettoreichweite drückt aus, wie viele Zielpersonen mindestens einmal erreicht wurden. Mehrfachkontakte werden herausgerechnet. Jede erreichte Zielperson wird nur einmal gezählt.

Die wichtigsten Untersuchungen zur Verbreitung und zur Wirkung der
einzelnen Medien sowie zur Messung von Reichweiten sind:
- die Allensbacher Werbeträger-Analyse (AWA), durchgeführt vom
  Institut für Demoskopie in Allensbach; www.awa-online.de;
- die Leseranalyse Entscheidungsträger in Wirtschaft und Verwaltung (LAE), durchgeführt von mehreren großen Zeitungs- und Zeit-
  schriftenverlagen; www.lae.de;
- die Media-Analyse (MA), durchgeführt von der Arbeitsgemein-
  schaft Media-Analyse (ag.ma); www.agma-mmc.de;
- die Plakat-Media-Analyse (PMA), durchgeführt im Auftrag des
  Fachverbands Außenwerbung (FAW); ist in die AG.MA integriert;
  www.faw-ev.de;

- die Typologie der Wünsche Intermedia (TdWI), durchgeführt im Auftrag des Burda-Verlags; www.tdwi.de;
- die VerbraucherAnalyse (VA), durchgeführt im Auftrag des Axel-Springer- und des Heinrich-Bauer-Verlags; http://www.verbraucheranalyse.de/home;
- die Verbrauchs- und Medienanalyse (VuMa), durchgeführt im Auftrag von ARD und ZDF; www.vuma.de.

Eine bedeutende Institution zur Messung von Auflagenzahlen ist die Informationsgemeinschaft zur Feststellung der Verbreitung von Werbeträgern (IVW). Sie erfasst Printmedien sowie mittlerweile auch Kino, Hörfunk und Online-Medien. Der Anschluss an die Auflagenkontrolle durch die IVW ist für Printmedien eine Voraussetzung für die Teilnahme an der Reichweitenerhebung durch die Media-Analyse (MA).

Sich von dieser Organisation prüfen zu lassen, klingt zunächst nicht besonders verlockend. Es ist aber von außerordentlicher Bedeutung für den Marktwert eines Werbeträgers, weil nur so objektive, von neutralen Stellen erhobene Daten für die Mediaplanung zur Verfügung gestellt werden können. Ein Werbeträger, der keine IVW-geprüfte Auflage vorweisen kann und dessen Reichweite nicht über die MA nachweisbar ist, hat kaum eine Chance, bei der Mediaplanung in den Agenturen berücksichtigt zu werden, weil man auf dessen Angaben nicht vertrauen kann.

Letztlich geht es bei der Mediaplanung auch um den Aufbau einer ausreichenden Kontakthäufigkeit. Man schaltet Werbung in einem Medium nicht nur einmal, sondern mehrfach, damit die Zielpersonen mit der Werbung garantiert mindestens einmal in Kontakt kommen. (Damit die Werbebotschaft von einer Zielperson richtig „gelernt" werden kann, sind ca. sieben Werbemittelkontakte nötig.)

Darüber hinaus wird die Werbung nicht nur in einem, sondern über längere Zeit hinweg in mehreren Werbeträgern platziert (Mediamix), damit möglichst alle Zielpersonen garantiert erreicht werden.

9.2.2 Public Relations (PR, Öffentlichkeitsarbeit)

Öffentlichkeitsarbeit (Public Relations) ist eine Form der Marketingkommunikation, bei der ein Anbieter versucht, seine Zielgruppe unter Einbeziehung der Medien als Partner zu erreichen, um sie über das Unternehmen und seine Leistungen zu informieren und auf diese

Weise mittelbar deren Kaufverhalten zu beeinflussen. Wir sehen: Werbung und Public Relations verfolgen als Instrumente der Marketingkommunikation die gleichen Ziele. Sie unterscheiden sich allerdings erheblich in ihrem Umgang mit den Medien als Überträger der Botschaften. Durch diese unterschiedliche Vorgehensweise erzielen Werbung und PR auch unterschiedliche Kommunikationswirkungen, beispielsweise im Hinblick auf die Glaubwürdigkeit der verbreiteten Informationen.

In der Werbung kauft man sich einen Platz in den Medien, um dort sein Werbemittel zu platzieren. Die Medien werden lediglich als Werbeträger betrachtet, die man braucht, um Botschaften zu den Zielgruppen transportieren zu können. In den Public Relations (PR) hingegen bindet man die Medien als Partner in die Unternehmenskommunikation ein. Gute PR-Arbeit zielt auf eine für beide Seiten Gewinn bringende Kooperation zwischen Organisation und Medien.

Wenn man seine Informationen über die Medien in die Öffentlichkeit bringen will, muss man wissen, was die Journalisten brauchen und wie sie es haben wollen. Journalisten brauchen Inhalte (Content) für ihre Medien. Die über Massenmedien verbreiteten Informationen stammen zu etwa 80 % aus extern zugeliefertem Material, im Wesentlichen aus PR-Maßnahmen. So brauchen die Medien Unternehmen und Non-Profit-Organisationen als Zulieferer von Inhalten. Umgekehrt nutzen die Unternehmen die Medien als Übermittler von Informationen an ihre Zielgruppen, die sie ohne Medien nicht so schnell und umfassend erreichen könnten.

Redaktionen bekommen jeden Tag eine Flut von Informationen. Die Journalisten müssen aus dieser Fülle an Material die für ihre Leser, Hörer oder Zuschauer interessanten und wichtigen Informationen finden und für ihr Medium passend verarbeiten. Sie müssen also selektieren.

Aus dieser Selektion folgt der größte Wert der Medien für die Marketingkommunikation: Die Journalisten haben eine Filterfunktion. Sie lassen nur durch, was für ihre Leser interessant ist. Sie schreiben als unabhängige Betrachter über ein Unternehmen oder Produkt – und sie bewerten es im Sinne ihrer Leser. Sie sind ihrem Publikum verpflichtet. Wenn eine Information in den Medien erscheint, ist das keine Werbung eines Unternehmens für sich selbst oder eines seiner Produkte, sondern eine „objektive" Darstellung durch einen unabhängigen Bewerter, dem der Verbraucher voll und ganz vertrauen kann.

Redaktionelle Beiträge in den Massenmedien besitzen daher eine wesentlich höhere Glaubwürdigkeit als Anzeigen oder andere Werbemittel.

Um diese hohe Glaubwürdigkeit aufrechtzuerhalten, müssen die Medien ihre Unabhängigkeit gegenüber den werbetreibenden Unternehmen bewahren und dürfen sich nicht durch die Aussicht auf ein hohes Anzeigenvolumen dazu verleiten lassen, Informationen ohne Nachrichtenwert zu veröffentlichen. Nur mit sauber recherchierten und zielgruppengerecht aufbereiteten Informationen (in Verbindung mit einem gewissen Unterhaltungswert in der Berichterstattung) bleiben die Medien für ihre Nutzer interessant. Genau deshalb selektieren die meisten Medien recht streng.

Regeln, die die Chancen auf Veröffentlichung erhöhen

Die Informationen sollten echten Nachrichtenwert haben, also neu und (für die Zielgruppe des Mediums) wichtig sein. Dabei hilft es, wenn man sich als Absender gelegentlich fragt: Wenn ich Leser dieser Zeitung wäre – würde ich das wissen wollen? Nur wenn man sich diese Frage ehrlich mit Ja beantworten kann, sollte man die Information an die Medien geben. Sonst stiehlt man den Journalisten nur wertvolle Arbeitszeit.

Die Informationen sollten eine hohe Aktualität besitzen, präzise dargestellt, leicht verständlich formuliert und auf jeden Fall nachprüfbar sein. Die Journalisten haben eine gewisse Verantwortung gegenüber der Öffentlichkeit; sie müssen sich durch eigene Recherchen vergewissern können, dass sie keine Fehlinformationen verbreiten.

Wenn man diese Grundregeln im Umgang mit Journalisten beachtet, besteht eine gute Aussicht auf Erfolg in der täglichen PR-Arbeit.

Im Folgenden sind die wichtigsten PR-Instrumente kurz aufgeführt.

Wichtigste Instrumente der PR

● *Presseinformation*	● *Pressemappe*
● *Interview*	● *Tag der offenen Tür*
● *Pressekonferenz*	● *Website*

Wir wollen an dieser Stelle nur auf Presseinformationen eingehen.

Gestaltung einer Presseinformation

Neutral schreiben	*Der Text wird möglichst neutral (in der dritten Person Singular) geschrieben – so, als hätte der Journalist selbst den Beitrag verfasst. Also nicht „Wir haben ...", sondern „XYZ hat ...".*
Übertreibungen vermeiden	*Auf jeden Fall sollte man sachlich schreiben und Übertreibungen vermeiden. Journalisten verstehen sich oft als unabhängige Berichterstatter; sie wollen ihre Leser, Hörer oder Zuschauer über das aktuelle Geschehen in der Welt informieren. Auf gar keinen Fall wollen sie sich als Übermittler von Werbebotschaften „missbrauchen" lassen.*
Das Wichtigste zuerst bringen	*Man schreibt das Wichtigste zuerst. So kann der Journalist schnell entscheiden, ob er sich mit dem Text beschäftigt oder nicht. (Journalisten kürzen übrigens von hinten nach vorn.)*
W-Fragen abarbeiten	*Es ist sinnvoll, am Anfang die W-Fragen abzuarbeiten: Wer? Was? Wann? Wo? Wie? Warum? Also: Wer hat wann was wo getan? Wie lief es ab? Und warum hat er das getan?*
Überschriften setzen	*Eine gute Überschrift (Headline) erhöht die Aussicht auf eine Veröffentlichung der Information erheblich.*
Normales Geschäftspapier nutzen	*Die Presseinformation sollte auf normalem Geschäftspapier (ohne Bankverbindung) geschrieben werden, sodass alle Kontaktdaten erkennbar sind.*
Formale Kriterien beachten	*Der Zeilenabstand sollte anderthalb- bis zweizeilig sein; darüber hinaus empfiehlt es sich, rechts mindestens 4 cm Rand zu lassen. Wenn Sie mit etwa 55 Zeichen pro Zeile (Normzeile) in einer Standardschrift mit einer Schriftgröße von 12 pt schreiben, kann der Journalist gut einschätzen, wie groß der Text im Druck wäre, und weiß dann auch, wie viel er wegkürzen muss. Und damit er nicht alles umschreiben muss, kürzt ein erfahrener Journalist einfach von hinten nach vorn.*

Presseinformationen sollten fast immer per Fax verschickt werden. Ein Versand per E-Mail ist natürlich auch möglich; die Gefahr, dass die Nachricht ungelesen im Papierkorb landet, ist bei der E-Mail allerdings noch größer als beim Fax.

Erwähnt werden sollen folgende Spezialdisziplinen der Public Relations:
● Internal Relations (Interne Kommunikation): Zielgruppe sind hier die eigenen Mitarbeiter. Wesentliche Ziele sind die Information und „Aufklärung" der Mitarbeiter über wesentliche betriebliche Ange-

legenheiten, das Erreichen einer hohen Identifikation der Mitarbeiter mit dem Betrieb und der Aufbau bzw. die Pflege einer von Vertrauen und gegenseitigem Respekt geprägten Unternehmenskultur durch interne Kommunikation. Typische Maßnahmen der Internal Relations sind das schwarze Brett, das Intranet, der Pressespiegel, die Mitarbeiterzeitung und innerbetriebliche, ausschließlich den Mitarbeitern vorbehaltene Veranstaltungen (z.B. Weihnachtsfeiern).

- Investor Relations: Zielgruppe sind hier die sogenannten Shareholder/Anteilseigner (z.B. Aktionäre oder Franchisenehmer), darüber hinaus aber auch Banken und Börsen mit für Kapitalanleger relevanter Berichterstattung. Wesentliche Ziele sind die Information der Kapitalanleger über die geschäftliche Entwicklung und über betriebliche Vorhaben sowie die Vertrauensbildung der (potenziellen) Kapitalanleger im Hinblick auf eine gesichert hohe Eigenkapitalverzinsung (Aktienkursentwicklung). Typische Maßnahmen der Investor Relations sind die Hauptversammlung, der Geschäftsbericht, Quartalsberichte und Presseinformationen zur Geschäftsentwicklung in Anlegermedien (wie z.B. Bloomberg TV oder Financial Times Deutschland).

- Public Affairs (Lobbyarbeit): Zielgruppe sind hier die Entscheidungsträger in politischen Gremien (z.B. Staatssekretäre, Minister und Abgeordnete). Das wesentliche Ziel ist die Einflussnahme auf die Willensbildung der politischen Entscheidungsträger, um Gesetze und Verordnungen, die sich möglicherweise negativ auf die eigene Geschäftsentwicklung auswirken könnten, verhindern oder wenigstens „abmildern" zu können. Hierzu schließen sich die Unternehmen einer Branche normalerweise zu Branchenverbänden zusammen, um ihre Durchsetzungskraft zu erhöhen. Ein Beispiel hierfür ist der DEHOGA, der Deutsche Hotel- und Gaststättenverband e.V. (www.dehoga-bundesverband.de), der die Interessen von mehr als 1 Mio. Beschäftigten in der deutschen Hotellerie und Gastronomie vertritt. Typische Maßnahmen der Public Affairs sind Studien zur Branchenentwicklung (oder zu Auswirkungen rechtlicher Regelungen auf die Branchenentwicklung), Tagungen und Kongresse, die von den Branchenverbänden initiiert und durchgeführt werden, Presseinformationen, die die Bedeutung der Branche herausstellen – und natürlich „informelle Gespräche" der Lobbyisten mit politischen Entscheidungsträgern.

9.2.3 Direktmarketing (Dialogmarketing)

Direktmarketing ist eine Form der Marketingkommunikation, bei der ein Anbieter versucht, seine Zielgruppe direkt – also ohne Einbeziehung von Massenmedien – zu erreichen, um sie über das Unternehmen und seine Leistungen zu informieren und auf diese Weise unmittelbar eine Kaufhandlung herbeizuführen, z.B. eine Bestellung per Telefon. (Werbung und PR versuchen, das Kaufverhalten der Zielpersonen eher mittelbar zu beeinflussen.)

Da der Kontakt zwischen Unternehmen und Verbraucher im Direktmarketing ohne die Einschaltung von Massenmedien hergestellt wird, kann der Anbieter im Idealfall einen echten Dialog mit seinem Kunden führen und individuell auf ihn eingehen. Das Direktmarketing wird deshalb auch häufig als Dialogmarketing bezeichnet. Die wichtigsten Instrumente des Direktmarketings sind:

- Werbebrief (Mailing),
- aktive telefonische Werbung (Outbound),
- passive telefonische Beratung und Bestellannahme (Inbound),
- Werbung per E-Mail,
- Katalog,
- Anzeige mit Response-Element (z.B. Antwortkarte).

Direktmarketing ermöglicht eine genau auf die Zielgruppe abgestimmte Ansprache und Vorgehensweise, mit sehr geringen Streuverlusten.

> *Streuverluste bedeuten eine Reduzierung der Effizienz des eingesetzten Budgets. Man erreicht mit Werbemaßnahmen neben der eigentlichen Zielgruppe immer auch andere Personen, die nicht zum potenziellen Kundenkreis gehören. Das Erreichen dieser Kontakte bezahlt man mit, obwohl man sie gar nicht braucht.*

Dank der zielgruppengenauen Planung ist auch die Erfolgskontrolle im Direktmarketing relativ einfach: Man verschickt eine bestimmte Anzahl von Werbebriefen, zählt die eingehenden Antworten (= Response) aus und weiß dann, ob man erfolgreich war oder nicht. Die Kennzahl zur Erfolgskontrolle ist die Response-Quote, also die Zahl der Antworten (z.B. Bestellungen) im Verhältnis zur Zahl der eingesetzten Werbemittel (z.B. Mailings). Eine Response-Quote um die drei Prozent ist normalerweise schon ziemlich gut. Der Response ist stark abhängig von der Qualität der Adressen, der Attraktivität des Angebots und der Branche.

9.2.4 Persönlicher Verkauf

Der (persönliche) Verkauf ist eine Form der Marketingkommunikation, bei der ein Anbieter versucht, seine Zielpersonen persönlich – also von Angesicht zu Angesicht – zu erreichen, um sie über das Unternehmen und seine Leistungen zu informieren und auf diese Weise unmittelbar eine Kaufhandlung herbeizuführen. Zum einen steht der Verkäufer im direkten, persönlichen Kontakt mit dem (potenziellen) Kunden. Er wirkt als Mensch und repräsentiert als Person die gesamte Organisation. Er ist gewissermaßen das „Aushängeschild" des Unternehmens. Zum anderen hat der Verkäufer durch seine Persönlichkeit und seine Art der Gesprächsführung erheblichen Einfluss auf die Meinungsbildung und die Kaufentscheidung des Verbrauchers.

Die Kommunikation eines Verkäufers mit einem Kunden ist unmittelbar und direkt – ein echter Dialog. So kann ein guter Verkäufer den Kunden dank seines persönlichen Auftretens auch von durchschnittlichen Angeboten überzeugen.

Genau hier liegt aber auch eine der größten Gefahren des persönlichen Verkaufs: Verkäufer werden intern überwiegend an ihren Verkaufserfolgen (erzielter Umsatz, Anzahl der Verkaufsabschlüsse pro Monat, Anzahl der Kundenbesuche pro Tag etc.) gemessen. So hat für einige Verkäufer ihr beruflicher Erfolg (Einkommen, Status, Karrierechancen) höhere Bedeutung als die Zufriedenheit des Kunden. Kunden werden dann zum Kauf von Produkten bewegt, die sie gar nicht brauchen – ein aus Marketingsicht völlig falscher Ansatz.

Natürlich sollen Verkäufer nicht nur beraten, sondern auch erfolgreich verkaufen können. Verkäufer müssen schon eine gewisse Abschlusssicherheit in der Verkaufsgesprächsführung besitzen. Im Vordergrund des Denkens eines jeden Verkäufers sollten aber vor allem der Kundennutzen und die Kundenzufriedenheit stehen.

„Den Eskimos Kühlschränke verkaufen" zu können, kann also nicht das Ziel sein. Wenn der Verkäufer erkennt, dass der Kunde keinen relevanten Nutzen aus einem Produkt ziehen kann, sollte er dem Kunden vom Kauf abraten. Sonst entstehen beim Kunden in der Nachkaufphase kognitive Dissonanzen („Kaufkater"). Der Kunde wird sich von einem Unternehmen, bei dem er so schlecht – nämlich völlig an seinen Bedürfnissen vorbei – beraten wurde, unzufrieden abwenden.

Für den persönlichen Verkauf hilft es, wenn man dafür „geboren" ist. Vieles lässt sich trainieren – keine Frage. Doch die grundlegenden

Qualitäten eines guten Verkäufers – Einfühlungsvermögen in die Situation des Kunden, Verstehen seiner Motivlage und sicheres Gespür für den richtigen Zeitpunkt zum Abschluss des Gesprächs – sind oft eine Frage des Talents und mit Schulung schwer zu erreichen. Deshalb werden wirklich gute Verkäufer auch wirklich gut bezahlt. Sie sind einfach unersetzbar.

Ein guter Verkäufer muss die Situation eines Kunden schnell und genau erfassen. Dabei sind Fragen wichtige Instrumente zur Gestaltung von Verkaufsgesprächen. (Sie wissen: „Wer fragt, der führt.")

Einige wichtige Fragetypen im Überblick	
Offene Fragen zielen darauf, den Kunden für das Gespräch zu „öffnen". Er kann auf die gestellten Fragen nicht einfach mit Ja oder Nein antworten, er wird zum Nachdenken angeregt und gibt Informationen preis. Beispiel: „Welche Farbe haben Sie sich denn vorgestellt?"	*Alternativfragen grenzen durch das kleine Wörtchen „oder" die Antwortmöglichkeiten so ein, dass der Kunde genötigt wird, eine Entscheidung zwischen zwei Alternativen zu treffen. Beispiel: „Zahlen Sie bar oder mit Kreditkarte?"*
Geschlossene Fragen lassen nur die Antwortmöglichkeiten Ja oder Nein zu. Damit wird der Kunde gezwungen, eine klare Position zu beziehen. Mit geschlossenen Fragen kann der Verkäufer sich eine Bestätigung des bisher erreichten Zwischenergebnisses abholen. Das Gespräch kann aber auch sehr schnell zu Ende sein. Beispiel: „Möchten Sie die Jacke auch mal anprobieren?"	*Suggestivfragen unterstellen eine bestimmte Konsequenz. Der Kunde wird aufgefordert, dazu befürwortend oder ablehnend Stellung zu beziehen. Das angebotene Produkt ist natürlich die passende Lösung zur Vermeidung einer negativen bzw. zur Erreichung einer positiven Konsequenz. Beispiel: „Sie wollen bestimmt nicht in einem halben Jahr schon die ersten Reparaturen haben?" (Lösung: „Dann sollten Sie nicht den billigen Drucker nehmen, sondern den teureren mit der besseren Technologie.")*

9.2.5   Verkaufsförderung (VKF, Sales Promotion)

Verkaufsförderung ist eine Form der Marketingkommunikation, bei der ein Anbieter versucht, seine Zielgruppe in der Einkaufssituation – am Point of Sale (POS) – zu erreichen, um ihre Aufmerksamkeit auf seine

Produkte zu lenken und dabei unmittelbar eine impulsive Kaufentscheidung herbeizuführen. Weil Verkaufsförderungsmaßnahmen (Promotions) direkt am POS stattfinden, spricht man im Zusammenhang
mit der Verkaufsförderung oft auch von POS-Marketing.

Die wesentliche Zielsetzung der Verkaufsförderung ist die Unterstützung des Abverkaufs von Produkten. Dabei unterscheidet man:

1. Verbrauchergerichtete Verkaufsförderung (Consumer Promotion),
   im Wesentlichen mit folgenden Maßnahmen:
   – Verkostungen,
   – Gewinnspiele,
   – Sonderpreisaktionen,
   – Zugaben und Sonderverpackungen,
   – Displays und Sonderplatzierungen.
2. Handelsgerichtete Verkaufsförderung (Trade Promotion), die sich
   vor allem der folgenden Maßnahmen bedient:
   – Werbekostenzuschüsse (WKZ),
   – Ausstattung mit Werbematerialien (z.B. vom Hersteller/Anbie-
     ter kostenlos zur Verfügung gestellte Flyer, Prospekte, Plakate,
     Give-aways und Sonderplatzierungsregale),
   – personelle Unterstützung beim Ein- und Ausräumen von Waren,
   – Schaufensterdekoration,
   – Händlerschulungen,
   – Händlerwettbewerbe und
   – Incentive-Reisen („Belohnungsreisen").
3. Mitarbeitergerichtete Verkaufsförderung (Staff Promotion), sie zielt
   vor allem auf die eigenen Außendienst-/Vertriebsmitarbeiter und
   greift insbesondere auf folgende Maßnahmen zurück:
   – Verkäuferwettbewerbe,
   – Prämien,
   – Incentive-Reisen („Belohnungsreisen"),
   – Mitarbeiterschulungen und
   – Außendiensttagungen.

Auch bei der Markteinführung neuer Produkte spielt die Verkaufsförderung eine wichtige Rolle. Hier werden zwei Zielgruppen mit vollkommen unterschiedlichen Interessen angesprochen: erstens potenzielle
Kunden, deren Interesse am neuen Produkt geweckt werden soll, und
zweitens Absatzmittler (Händler), die erkennen sollen, dass sie mit der

Aufnahme des neuen Produkts in ihr Sortiment gute Aussichten auf Erfolg haben, weil die Nachfrage der Kunden absehbar ist. Hier unterscheidet man zwischen Push- und Pull-Strategie.

Bei der Push-Strategie werden die Absatzmittler (Händler) durch handelsgerichtete Verkaufsförderungsmaßnahmen dazu gebracht, die Produkte zu listen. Die Ware wird in den Handel „hineingedrückt".

Bei der Pull-Strategie wird durch verbrauchergerichtete Werbe- und Verkaufsförderungsmaßnahmen ein „Nachfragesog" erzeugt, der die Absatzmittler (Händler) dazu zwingt, „nachzuziehen" und die von den interessierten Verbrauchern stark nachgefragten Produkte ins Sortiment aufzunehmen.

9.2.6 Beteiligung an Messen und Ausstellungen

Messen und Ausstellungen spielen im Marketing eine besondere Rolle. Sie bilden im Prinzip auf engem Raum den gesamten Markt mit allen relevanten Marktteilnehmern ab: mit Kunden, Produzenten, Lieferanten und flankierenden Dienstleistern.

Die wesentlichen Ziele eines Ausstellers auf einer Messe sind:
- Präsenz zu zeigen,
- Kontakte zu knüpfen,
- die Konkurrenz und deren Angebote einschätzen zu lernen,
- sich im direkten Dialog mit Kunden und Absatzmittlern über deren Anforderungen zu informieren (Marktforschung) und
- Verkaufsabschlüsse mit (gewerblichen) Fachbesuchern zu tätigen.

Die Begriffe Messe und Ausstellung lassen sich nicht ganz trennscharf voneinander abgrenzen. Der Ausstellungs- und Messe-Ausschuss der Deutschen Wirtschaft (AUMA, www.auma.de) definiert Messen als „zeitlich begrenzte, wiederkehrende Marktveranstaltungen, auf denen – bei vorrangiger Ansprache von Fachbesuchern – eine Vielzahl von Unternehmen das wesentliche Angebot eines oder mehrerer Wirtschaftszweige vorstellt und überwiegend nach Muster an gewerbliche Abnehmer vertreibt" (www.auma.de, Messe-Typologie).

Ausstellungen wenden sich eher an das allgemeine Publikum (z.B. Privathaushalte) als ans Fachpublikum. Dabei haben Ausstellungen überwiegend eine Informations- und weniger eine Verkaufsfunktion. (Eine Ausnahme bildet die reine Verkaufsausstellung.)

Die Unterscheidung ist eher theoretischer Natur, denn in der Praxis vermischen sich die beiden Formen. Wichtig ist, dass man mit der gewählten Veranstaltungsform seine Zielgruppe erreicht und so seine Marketingziele realisieren kann. Bei der Auswahl der richtigen Messe (oder Ausstellung) helfen die üblichen Typologisierungen.

Grundlegende Messetypen	
Regionale, überregionale und internationale Messe	**Konsumgüter- und Investitionsgütermesse**
● Regionale Messe: Besucher hauptsächlich nur aus einer Region. ● Nationale Messe: Besucher stammen aus einem über die Region hinausgehenden Einzugsgebiet (50 % aus mind. 100 km Entfernung) ● Internationale Messe: Anteil ausländischer Aussteller regelmäßig mindestens 10 %; Anteil ausländischer Fachbesucher mind. 5 % .	● Eine bekannte Konsumgütermesse ist z.B. die im August stattfindende Internationale Funkausstellung (IFA) in Berlin. ● Eine Investitionsgütermesse ist z.B. die im April stattfindende Hannover Messe, eine Marke der Deutsche Messe AG, Hannover (die mit Abstand größte Messegesellschaft der Welt).

Deutschland ist der größte Messestandort der Welt. Hier finden die meisten internationalen Leitmessen statt, d.h. in der jeweiligen Branche führende Messen, auf denen die neuen Produkte erstmals der Fachöffentlichkeit vorgestellt werden.

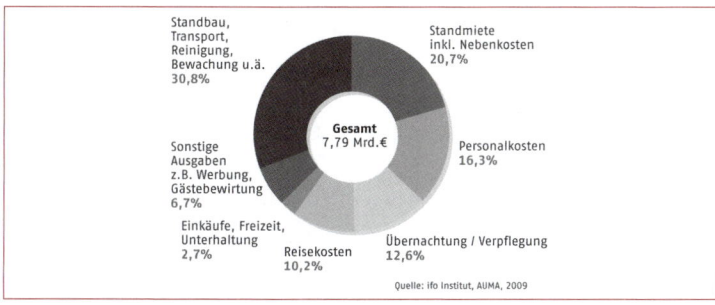

Abb. 9.7: Die deutsche Messewirtschaft – Messeausgaben der Aussteller; durchschnittliches Messejahr (Zeitraum 2005 bis 2008). Abgedruckt mit freundl. Gennehmigung der AUMA

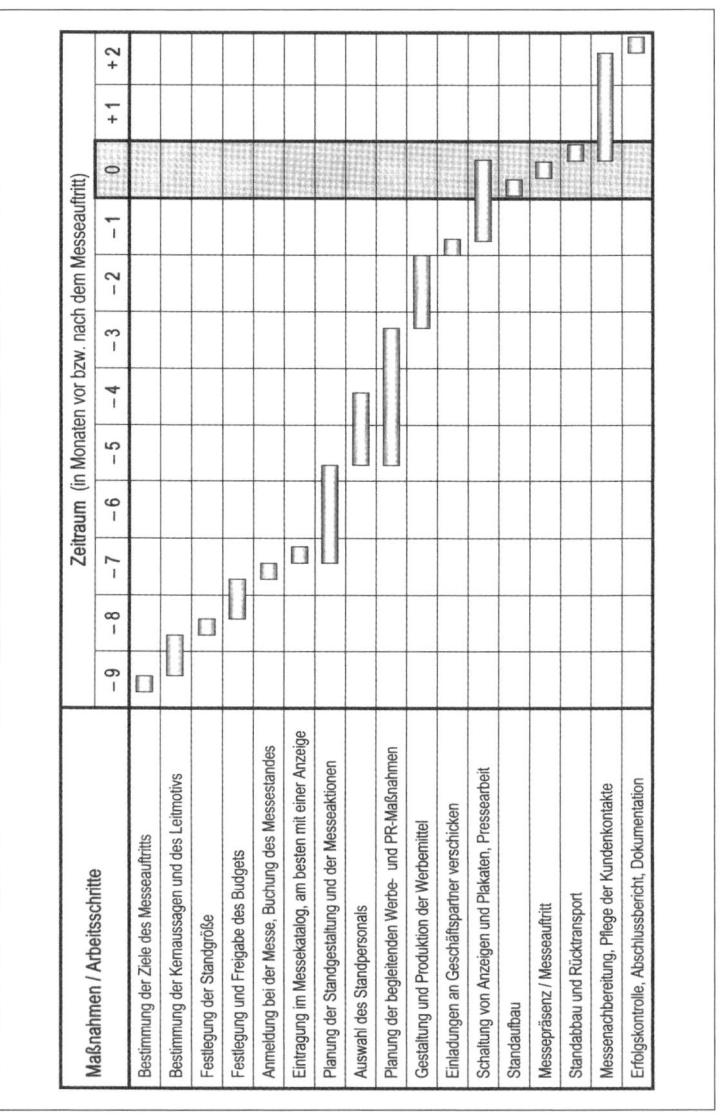

Abb. 9.8: Timetable zur Planung der Messevorbereitung (Beispiel)

Der AUMA bietet als wichtiger Branchenverband auf seiner gut gestalteten Website (www.auma.de) einen hilfreichen Download-Bereich mit nützlichen Informationen für alle, die Messeauftritte planen.

9.2.7 Sponsoring

Sponsoring ist als Instrument der Marketingkommunikation deutlich von Spenden und Mäzenatentum abzugrenzen. Beim Sponsoring geht es nicht um die uneigennützige Unterstützung Hilfsbedürftiger, sondern klar um wirtschaftliche Interessen. Ein Sponsor erwartet einen Gegenwert für seine Leistung. (Das ist bei Spenden nicht der Fall.)

Der Sponsor (der Gebende) verfolgt im Wesentlichen zwei Ziele: Erstens will der Sponsor eine Kommunikationsplattform geboten bekommen, auf der er seine Zielgruppe erreichen und in einem attraktiven Umfeld – gern mit hohem Erlebniswert – ansprechen kann. Zweitens geht es ihm um einen positiven Imagetransfer von der gesponserten Person, Organisation oder Veranstaltung zum Sponsor. Er will von dem guten Image des Gesponserten profitieren, er will daran teilhaben, er will, dass der Glanz des Gesponserten ein Stück weit auf ihn abfärbt.

Für ein Erfolg versprechendes Sponsorenengagement ist zwingend erforderlich, dass 1. die Zielgruppe des Sponsors sich mit dem Gesponserten identifizieren kann (Zielgruppenaffinität), dass 2. der Gesponserte attraktiv ist (positives Image, Beliebtheit) und dass 3. der Gesponserte das Interesse der Öffentlichkeit und der Medien auf sich zieht. Nur so lässt sich die für einen positiven Imagetransfer nötige Medienpräsenz erreichen.

Beim Sponsoring unterscheidet man folgende Formen:
- Sportsponsoring,
- Kultursponsoring,
- Umweltsponsoring (auch: Ökosponsoring),
- Sozialsponsoring (auch: Soziosponsoring) und
- Programmsponsoring (auch: Mediensponsoring).

Der Sponsor kann eine Einzelperson, eine Personengruppe, eine ganze Organisation oder auch eine Veranstaltung bzw. ein Projekt fördern, wie das z.B. seit einigen Jahren die Krombacher Brauerei mit ihrem Regenwald-Projekt macht.

Überblick über wichtige Sponsoringformen			
Sponsoringform	**Gesponserter (Empfänger von Sponsormitteln)**		
	Persönlichkeit/ Gruppe	Organisation/ Institution	Projekt/ Veranstaltung
Sportsponsoring	Rennfahrer	Fußballverein	Tennisturnier
Kultursponsoring	Kinderchor	Opernhaus	Lyrikwettbewerb
Umweltsponsoring	Umweltaktivist	Umweltschutz- organisation	Regenwald- Schutzprojekt
Sozialsponsoring	Patenschaft für ein krankes Kind	SOS-Kinderdorf	Benefizkonzert (Charity-Event)

Der Sponsor kann den Gesponserten durch Geldmittel, Sachmittel oder Dienstleistungen unterstützen.

Beispiel: Sponsoring für eine Bibliothek

Der Sponsor kann der Bibliothek jährlich (oder einmalig) einen bestimmten Betrag für Neuanschaffungen zukommen lassen. Bibliotheken verfügen oft nur noch über ein schmales Budget; es können also nicht besonders viele neue Bücher angeschafft werden; damit lässt die Attraktivität für die Nutzer nach; zunehmend verliert die Bibliothek Kunden und am Ende droht die Schließung. Ein Sponsor könnte über die Zuwendung von Geldmitteln die Anschaffung interessanter Werke ermöglichen und auf diese Weise das Überleben der Bibliothek sichern. Dafür wird das Sponsorenengagement in Presseinformationen und auf der Website erwähnt und ggf. wird auch in die Bücher ein Hinweis auf den Sponsor eingeklebt.

Der Sponsor könnte die Bibliothek aber auch unterstützen, indem er die zur Unterbringung der Bücher notwendigen Regale (= Sachmittel) zur Verfügung stellt. Viele Sponsoren haben gar nicht so viel Budget zur Verfügung, dass sie Geld geben könnten. Aber das Möbelhaus um die Ecke hat vielleicht ein paar Regale, Sessel und Tische übrig, die nicht mehr gut verkauft werden können, in der Bibliothek aber sehr nützlich sind. Wenn man als „Bedürftiger" auf die Suche nach Sponsoren geht, sollte man also zunächst einmal überlegen, welche Dinge benötigt werden und wer als Sachmittelsponsor infrage käme. Die Erfolgsaussichten sind hier sehr viel höher als bei der Frage nach einer finanziellen Unterstützung.

Der Sponsor könnte die Bibliothek auch durch Dienstleistungen unterstützen. So könnte beispielsweise ein Handwerksbetrieb die Instandsetzung der Außenwand des Bibliotheksgebäudes kostenlos ausführen. Dafür wird während der Bauarbeiten auf einem großen Baustellenplakat deutlich darauf hingewiesen, welcher Betrieb hier für das Gemeinwohl aktiv ist.

Eine Sonderform des Sponsorings ist das Programmsponsoring. Hier kann ein Sponsor u.a. das Titelpatronat für eine Sendung übernehmen. Dabei wird der Markenname in den Namen des Programms integriert, wie bei der „Nutella-Geburtstags-Show" auf RTL II. (Die Grenzen zur Schleichwerbung sind hier allerdings fließend.)

Die einzelnen Sponsoringformen sind in der Praxis unterschiedlich oft anzutreffen (siehe zu den Anteilen an den Gesamtaufwendungen für Sponsoringmaßnahmen die Abbildung 9.9).

Das Sportsponsoring hat mit fast 60 % den mit Abstand größten Anteil an den gesamten Sponsoringaufwendungen. Das hängt vor allem mit dem ausgeprägten Interesse der Bevölkerung an bedeutenden Sportveranstaltungen (Fußball-Weltmeisterschaft, Olympische Spiele, Tennisturnier in Wimbledon) zusammen.

Sponsoring gewinnt als Instrument im Kommunikationsmix großer Marken zunehmend an Bedeutung. Das liegt u.a. daran, dass man die Zielpersonen beim Sponsoring oft in sehr emotionalen, überwiegend positiv gestimmten Lebenssituationen ansprechen kann (z.B. als Zuschauer/Fans bei einem Fußballspiel). Darüber hinaus kann beim Sachmittel- und beim Dienstleistungssponsoring das Produkt (bzw. die Dienstleistung) authentisch in der Anwendung präsentiert werden.

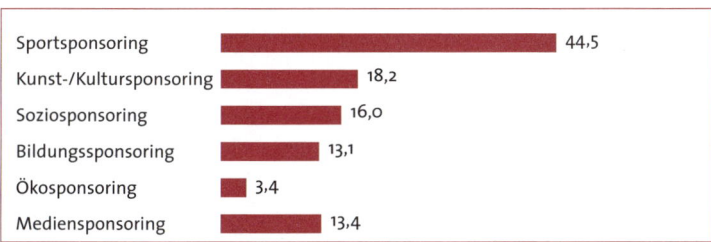

Abb. 9.9: Verteilung des Sponsoringbudgets von 400 befragten umsatzstarken Unternehmen auf die Sponsoringarten (nach © BBDO live, Sponsoring Trends 2010)

Die über Sponsoringmaßnahmen vermittelten Botschaften stoßen daher auf weniger Ablehnung als die über klassische Werbung vermittelten Botschaften. So erreichen die über Sponsoring vermittelten Botschaften häufig hohe Imagewirkungen. Und deshalb wird Sponsoring als Instrument der Marketingkommunikation ganz sicher weiter an Bedeutung gewinnen.

9.2.8 Product-Placement

Beim Product-Placement wird ein Produkt (Markenartikel) in die Handlung eines Spielfilms oder einer TV-Serie „eingebaut". Das Produkt wird so in die Filmhandlung (Plot) integriert, als wäre es originärer Bestandteil des dargestellten Geschehens. Dadurch gewinnt die Darstellung der Produkteigenschaften außerordentlich an Glaubwürdigkeit und Sympathie. Die Marke wird emotional aufgeladen.

Beispiele für Product-Placement sind der Aston Martin in den James-Bond-Filmen und der 7er-BMW im Film „Transporter". Das wohl penetranteste Beispiel war Federal Express im Film „Cast Away" mit Tom Hanks. Hier ging es in der ersten Hälfte des Films nur um die Darstellung der Marke FedEx.

Es gibt zwei wichtige Sonderformen des Product-Placements:

* Generic Placement und
* Image Placement.

Beim Generic Placement werden unmarkierte Produkte in die Handlung eines Films oder einer Serie eingebaut. Das funktioniert beispielsweise mit Zigaretten. Die Darsteller rauchen dann im Film vor allem nach Erfolgen über den bösen Gegner oder nach dem Sex. In jedem Fall taucht die Zigarette im Zusammenhang mit Situationen auf, in denen der Protagonist attraktiv und erfolgreich ist, sodass der Zuschauer gern an seiner Stelle wäre. Hierzu haben wir eine Filmempfehlung: „Thank you for smoking" (nach dem ausgezeichneten Roman „Danke, dass Sie hier rauchen" von Christopher Buckley).

Beim Image Placement dreht sich der ganze Film (bzw. die ganze Serie) um das Produkt. Das Produkt ist gewissermaßen das Thema des Films. Ein bekanntes Beispiel für Image Placement war die Filmreihe um den VW Käfer „Herbie" („Herbie – Ein toller Käfer", „Herbie groß in Fahrt" etc.).

Abb. 9.10: Beispiel für Image Placement

9.2.9 Merchandising

Beim Merchandising werden Nebenrechte aus Filmen oder Veranstaltungen vermarktet. Merchandising-Artikel werden an durch Urheberrechte geschützte Figuren oder Veranstaltungen angelehnt und extra für den Verkauf produziert. Beispielsweise kann es sich dabei um Filmfiguren handeln, die als Spielzeugfiguren vermarktet werden. Im Zusammenhang mit Musikveranstaltungen werden oft T-Shirts, Base-Caps, Armbänder, Schlüsselbänder und Taschen als „Fanartikel" produziert und verkauft.

9.2.10 Cross-Marketing

Beim Cross-Marketing wirbt ein Anbieter auf einem seiner Produkte für ein anderes seiner Produkte. Beispielsweise macht der Fruchtsaftproduzent Albi auf der Packung seines (sehr empfehlenswerten) Mango-Maracuja-Safts auf sein neues Produkt Ananas-Saft aufmerksam.

Die Zielgruppe (Safttrinker, die exotische Früchte mögen) ist bei beiden Säften die gleiche. Und genau darum geht es beim Cross-Marketing: Die einmal gewonnenen Kunden durch passende Angebote mehrfach „abzuschöpfen".

9.2.11 Ambient Media

Bei Ambient Media wird die Werbebotschaft auf Gegenständen aus der alltäglichen Umgebung der Zielperson platziert und genau auf die aktuelle Nutzungssituation abgestimmt, was die Kommunikationswirkung nachhaltig verbessert. Typische Beispiele für Ambient-Media-Maßnahmen sind:

- Werbung auf Papierhandtüchern oder Toilettenpapier in Bars,
- Werbebotschaften auf Bierdeckeln in Restaurants und
- Werbung auf Taxi-Quittungen.

Abb. 9.11: Beispiel für Ambient Media

9.2.12 Online-Marketing

Beim Online-Marketing geht es um die Darstellung von Organisationen im Internet (z.B. Unternehmen) und die Vermarktung von Produkten über das Internet.

Das Hauptaugenmerk liegt im Online-Marketing auf der ...

- Gestaltung und Pflege einer Website (Online-Präsenz),
- Vermarktung einer Website als Werbeträger,
- Schaltung von Werbebannern auf anderen Websites,
- Gestaltung von Geschäftsbeziehungen im Internet (E-Commerce).

Das Thema Online-Marketing ist so umfassend, dass es in diesem Buch zum Marketing-Grundwissen nur gestreift werden kann. Das Thema E-Commerce kann sogar nur kurz erwähnt werden.

Zur Gestaltung von Websites lässt sich grundlegend sagen: Damit eine Website gut gefunden werden kann, nimmt die sogenannte Verschlagwortung bei Suchmaschinen einen zentralen Platz im Online-Marketing ein. Suchmaschinen wie Google oder Yahoo! sind häufig für Nutzer der Einstiegspunkt ins Internet. Von hier aus surfen die meisten User los.

Eine Website sollte vor allem anwenderfreundlich gestaltet sein, also übersichtlich und mit fehlerfrei funktionierender Navigationsstruktur. Darüber hinaus muss sie natürlich aktuell sein. Die Informationen müssen „frisch" sein und leicht zu finden.

Werbung im Internet und Grundbegriffe

Viele Informationsportale (z.B. web.de und gmx.de) sind wie tagesaktuelle elektronische „Magazine" gestaltet. Sie beinhalten eine Vielzahl von Informationen zu unterschiedlichen Themen (Sport, Politik, Erotik, Wirtschaft) und sind daher jeden Tag stark frequentiert. Auf stark frequentierten Websites erreicht man täglich mehrere Millionen User. Aufgrund der zahlreichen täglichen Aufrufe (Page Impressions) dieser Seiten sind sie als Werbeträger außerordentlich interessant.

Banner und Pop-up-Fenster werden wie Anzeigen in diesen Werbeträgern geschaltet und können dann spezifisch nach eingegebenen Suchworten oder aufgerufenen Themen eingeblendet werden. So ermöglicht das Online-Marketing eine perfekte, zielgruppengerechte Schaltung von Werbemitteln, nahezu ohne Streuverluste.

Die Seiten, auf denen man seine Werbung (Banner und Pop-ups) schaltet, werden zunächst nach der Anzahl der Page Impressions ausgewählt. Die Page Impressions drücken aus, wie viele Internetseiten (Pages) einer Website durchschnittlich pro Monat aufgerufen (angeklickt) werden. Je höher die Zahl der Page Impressions, desto attraktiver ist die Website als Werbeträger.

Ein großer Vorteil des Online-Marketings ist die einfache und sehr genaue Erfolgskontrolle. Wenn man als Werbetreibender Banner oder Pop-ups auf einer Website geschaltet hat, will man wissen, wie oft diese Werbung gesehen wurde (Ad Views) und wie oft die Werbung dazu geführt hat, dass ein User auf das Banner geklickt hat, um mehr Informationen über das beworbene Angebot zu erhalten (Ad Clicks). Das lässt sich alles sehr genau feststellen, weil das Internet ja ein elektronisches Medium ist und jeder Klick auf eine Internetseite gespeichert werden kann.

Trotz dieser guten Möglichkeit zur Erfolgskontrolle und der daraus resultierenden Chance zur Optimierung des Werbemitteleinsatzes ist es nicht einfach, mit Werbung im Internet Kunden zu gewinnen. Das gelingt nur mit wirklich interessanten, aktuellen und gut gestalteten Seiten. Der Kunde darf keine Mühe haben und muss klar geführt werden – weil man ihn im Internet sonst ganz schnell auch wieder verliert. Niemand hält sich lange mit komplizierten oder langweiligen Seiten auf – und die Konkurrenz lauert im Netz nur „one click away".

9.3   Markenpolitik

Eine Marke ist ein markiertes Angebot, beispielsweise ein Produkt. Durch die Markierung kann der Verbraucher das Produkt von anderen Produkten unterscheiden. Wenn er Erfahrungen mit einem Produkt gemacht hat und das Produkt noch einmal sieht, kann er es anhand der Markierung wiedererkennen. Wenn der Verbraucher mit dem Produkt zufrieden war und es unter anderen Produkten wiedererkennt, kann er sich nun aufgrund seiner Vorerfahrung gezielt für das Produkt entscheiden. Er weiß genau, worauf er sich einlässt.

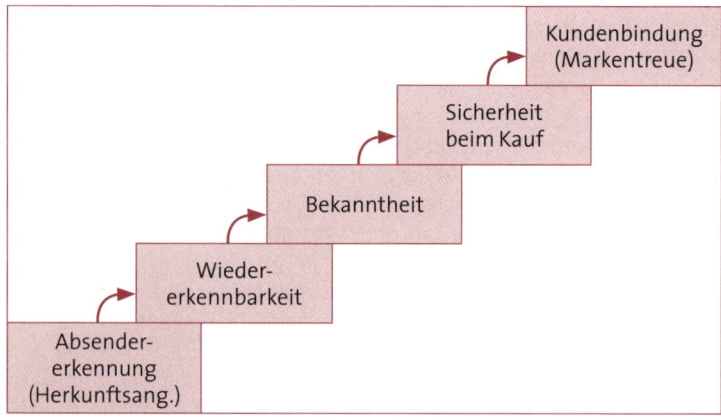

Abb. 9.12: Aufgaben der Markenpolitik

Für den Kunden liegt der Vorteil der Markenpolitik also in einer sehr hohen Sicherheit bei der Kaufentscheidung. Für den Anbieter liegt der Vorteil der Markenpolitik vor allem in der Kundenbindung und der Möglichkeit zur Durchsetzung höherer Preise, weil der Kunde aufgrund der höheren Sicherheit (garantierter Nutzen) beim Kauf eine höhere Preisbereitschaft besitzt.

Voraussetzungen für einen Markenartikel	
• *Markierung/Kennzeichnung* (*Produkt- und Packungsgestaltung, Warenzeichen, Name*) • *Schützbarkeit* der *Markenrechte* (*Unterscheidbarkeit von anderen Warenzeichen und Namen*) • *Unverwechselbarkeit* (*augenfälliger Unterschied der Leistung im Vergleich zu Wettbewerbsangeboten*)	• *Standardisierung* (*standardisierte, stets gleichbleibend hohe Qualität*) • *Preisstabilität* (*keine „Verramschung" in Sonderaktionen*) • *Erhältlichkeit* (*weitgehende Verbreitung im gewählten Absatzgebiet*) • *Bekanntheit* und *Anerkennung* im *Markt* (*z.B. durch charakteristische Werbung*)

Wesentliche Aufgaben der Markenpolitik sind also zunächst die Entwicklung von Markennamen und Markenzeichen.

Ein guter Markenname sollte von anderen Markennamen deutlich unterscheidbar, leicht merkbar, problemlos aussprechbar, schutzfähig und international einsetzbar sein. Dabei sollte man auch darauf achten, keine großen Missverständnisse in den Weltsprachen zu provozieren.

Anhand der folgenden Beispiele unglücklich gewählter Markennamen wird deutlich, wie wichtig ein guter Name für den Markterfolg sein kann: Der Fiat UNO floppte in Finnland. „Uno" bedeutet auf Finnisch „Trottel". Der Lada NOVA kam in Spanien nicht so gut an, denn „Nova" bedeutet auf Spanisch „läuft nicht". Die ägyptische Airline MISAIR scheiterte in allen französischsprachigen Ländern. „Misair" bedeutet auf Französisch „schlechte Luft". Und der Mitsubishi PAJERO bekam in den spanischsprachigen Ländern Probleme. „Pajero" bedeutet auf Spanisch „Wichser".

Es gibt kein Patentrezept, wie ein guter Markenname gestaltet werden kann. Aber es gibt einige bewährte Möglichkeiten:
• Bezugnahme auf Gründer/Inhaber (Ford; Siemens)

- Patchwork-Name (adidas für Adolf „Adi" Dassler; tesa nach Elsa Tesmer, einer Sekretärin beim tesa-Hersteller Beiersdorf)
- Bezugnahme auf Produktbestandteile (ARAL für Aromate + Aliphate; Persil für Perborat + Silikat)
- Bezugnahme auf Produkteigenschaften (NIVEA, lateinisch für „die Schneeweiße", die erste weiße Creme der Welt)
- Bezugnahme auf die regionale Herkunft (Berliner Pilsner; British Airways; Deutsche Post)
- Akronyme (TUI für Touristik Union International; BMW für Bayerische Motorenwerke)
- Kunstnamen (Aventis, Novartis, Ariola)
- Assoziative Namen (Puma für Kraft, Schnelligkeit und Aggressivität; Nike für die Begleitung durch die gleichnamige griechische Siegesgöttin – sehr gut für Sportler)
- Lautmalerische Namen (Yahoo! für den Jubelschrei, wenn man das Richtige im Internet gefunden hat)
- Entlehnung eines Begriffs aus einer Fremdsprache (bebe, frz. „Baby", für sanfte, zarte Pflege für babyweiche Haut)

Neben dem Markennamen spielt auch das Markenzeichen eine wichtige Rolle bei der Markierung von Produkten. Ein gutes Markenzeichen (Logo, Signet) sollte einen hohen Wiedererkennungswert besitzen, sich deutlich von anderen Markenzeichen unterscheiden, auf allen Materialien (Papier, Stoff, Metall, Leder, ...) und in allen Medien darstellbar sein, bis auf Fingernagelgröße verkleinerbar sein und auch in Schwarz-Weiß funktionieren (für den Fall, dass man etwas kopiert oder faxt).

Bei Markenzeichen unterscheidet man zwischen:

Wortmarken	*Bildmarken*	*Wort-Bild-Marken*
playmobil SIEMENS		

Abb. 9.13: Beispiele bekannter Markenzeichen-Typen (Playmobil, Siemens, Lufthansa, Nike, BWM, Wella; abgedruckt mit freundlicher Genehmigung der Unternehmen – ausführliche Quellenachweise siehe Seite 232)

Wort-Bild-Marken besitzen, wie man an den gewählten Beispielen erkennen kann, die größte Prägnanz. Sie machen die Besonderheit des Angebots anschaulich. Reine Bildmarken funktionieren nur, wenn sie über viele Jahre hinweg (mit entsprechend hohem Werbeaufwand) in den Köpfen der Verbraucher verankert werden konnten. Die im Beispiel dargestellten reinen Bildmarken sind sehr bekannt; unbekanntere Bildmarken können jedoch darunter leiden, dass sie recht unspezifisch sind und für alles Mögliche stehen könnten.

In der Markenpolitik plant man auch die verschiedenen Markenkonstellationen. Hier unterscheidet man zwischen:

● Unternehmens- und Produktmarken (z.B. Unternehmensmarke: Beiersdorf; Produktmarken: NIVEA, tesa, 8x4, Hansaplast, Eucerin)
● Monomarken und Markenfamilien (Monomarke: Red Bull; Markenfamilie: NIVEA Sun, NIVEA Visage, NIVEA for Men und ggf. weitere NIVEA-Marken als Mitglieder einer Familie unter einem gemeinsamen NIVEA-„Dach")
● Dach- und Submarken (Dachmarke: NIVEA; Submarken: NIVEA Creme, NIVEA for Men, NIVEA Sun und NIVEA Visage)
● Hersteller- und Handelsmarken (Herstellermarke: Jacobs Krönung; Handelsmarke: A&P „Attraktiv & Preiswert" von Kaiser's/Tengelmann)

Die Unternehmensmarke und die einzelnen Produktmarken voneinander zu trennen (Image-Isolation), bietet den großen Vorteil, dass bei Imageverlusten einer Marke die anderen Marken des Unternehmens davon nicht in Mitleidenschaft gezogen werden. Außerdem kann man so auch Marken mit völlig unterschiedlichen Stilen komplikationsfrei in einem Unternehmen führen. Ein Beispiel bietet der Konsumgüterkonzern Procter & Gamble. In seinem Marken-Portfolio findet man neben Waschmitteln auch Toilettenpapier, Rasierapparate, Batterien, pflegende Kosmetik und Snacks (Pringles), siehe Abbildung 9.14.

Ein Nachteil der Image-Isolation ist allerdings, dass jede Marke für sich (mit teilweise erheblichem Aufwand) aufgebaut und gepflegt werden muss, also keine Verbundeffekte genutzt werden können.

Abb. 9.14:   Beispiel für Produktmarken nach dem Konzept der Image-Isolation bei Procter & Gamble (Quelle: www.pg.com)

Abb. 9.15:   Beispiel für Produktmarken nach dem Konzept der Image-Integration bei Dr. Oetker (Quelle: www.oetker.de)

Bei der Image-Integration, wie beispielsweise Dr. Oetker sie betreibt, wirbt jede Produktmarke für die Unternehmensmarke mit – und zahlt so auf ein gemeinsames „Markenkonto" ein, von dem wiederum alle Produktmarken zehren können (Abbildung 9.15).

9.4 Corporate Identity

Das Corporate-Identity-Konzept beschreibt das Unternehmen als eine Persönlichkeit. Das Unternehmen wird wie ein Mensch betrachtet.

Ein Unternehmen pflegt Beziehungen zu anderen Wirtschaftssubjekten und zeigt dabei ein bestimmtes Verhalten – wie ein Mensch. Es hat ein bestimmtes Erscheinungsbild und kommuniziert in einer bestimmten Art und Weise – wie ein Mensch.

Diese drei Faktoren prägen maßgeblich das Bild des Unternehmens in der Öffentlichkeit:

- Corporate Communication (Unternehmenskommunikation),
- Corporate Design (Unternehmenserscheinungsbild) und
- Corporate Behavior (Unternehmensverhalten).

Um ein „stimmiges" Bild des Unternehmens in der Öffentlichkeit zu erzeugen, müssen alle drei Faktoren sinnvoll miteinander verknüpft werden.

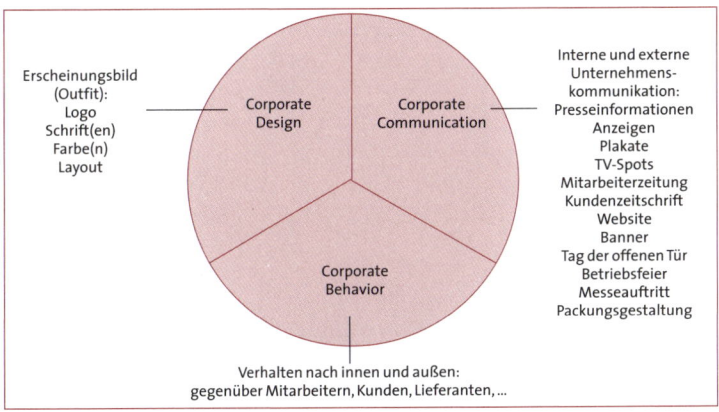

Abb. 9.16: Bestimmungsfaktoren der Corporate Identity

Aufgaben zur Selbstkontrolle

1. Beantworten Sie bitte durch Ankreuzen!

	richtig	falsch
Alle Kommunikationsmaßnahmen, die Massenmedien nutzen, sind Above-the-Line-Maßnahmen.		
Werbemaßnahmen zielen vor allem auf die Absatzförderung, PR-Maßnahmen zielen vor allem auf Imagebildung.		
Bei der Gestaltung von Werbebotschaften sollte man die Argumentation immer vom Kundennutzen her aufbauen.		

2. Warum wird die Verkaufsförderung auch als „POS-Marketing" bezeichnet?

Notieren Sie Ihre Antwort in Stichworten.

10 Kontrolle

10.1 Marketingkontrolle

Bei der Marketingkontrolle wird unterschieden nach
* strategischer Kontrolle (machen wir die richtigen Dinge?) und
* operativer Kontrolle (machen wir die Dinge richtig?).

In beiden Fällen werden die Verfahren und Methoden der Marketing-Forschung angewandt. In den folgenden Ausführungen konzentrieren wir uns auf die operative Marketingkontrolle.

Bei der operativen Marketingkontrolle wird nach der Durchführung einer Maßnahme überprüft, ob die vorher festgelegten Zielgrößen erreicht wurden (siehe Marketingregelkreis, Kapitel 1). Vorgehensweise:
* Heranziehen der zuvor festgelegten Zielgrößen,
* Vergleichen der erreichten Ist-Werte mit den Zielwerten,
* Analysieren der Abweichungen,
* Formulieren von neuen Zielen, Planen von Maßnahmen usw.

Die Marketingkontrolle wird in allen Gebieten des Marketings angewandt. Bei der Produkteinführung sind mögliche Zielgrößen: Umsatzzuwachs, Gesamtdeckungsbeitrag, Rendite etc., bei der Distributionspolitik: Distributionskosten, Distributionsrate etc. Im Weiteren wird näher auf die Werbeerfolgskontrolle eingegangen.

10.2 Werbeerfolgskontrolle

„Ich weiß, dass 50 % meiner Werbeausgaben zum Fenster hinausgeworfenes Geld ist, doch niemand kann mir sagen, welche Ausgaben zu diesen 50 % gehören." (Henry Ford, amerikanischer Industrieller, 1863–1947)
    In der Bundesrepublik Deutschland wurden im Jahr 2012 ca. 30 Mrd. Euro (Quelle: ZAW) in Werbung investiert.
    Vor diesem Hintergrund ist es verständlich und sinnvoll, dass Unternehmen kontrollieren möchten, ob die angestrebten Werbeziele erreicht wurden. Die angestrebten Werbeziele können ökonomischer und vorökonomischer Art sein. Bei den vorökonomischen Zielen wird in

der Praxis eher von der Werbewirkung als von Werbeerfolg gesprochen (siehe folgende Übersicht).

Werbeerfolgskontrolle	
Werbewirkung *vorökonomische Zielgrößen*	*Werbeerfolg* *ökonomische Zielgrößen*
• *Beachtung/Wahrnehmung* • *Imageveränderung* • *Steigerung des Bekanntheitsgrades* • *Erinnerung an Werbung (Recall)* • *Wiedererkennen v. Werbung (Recognition)*	• *Umsatz-, Absatzsteigerung* • *Marktanteilsausweitung* • *Erstkaufrate* • *Wiederkaufrate*

10.3   Messen der Werbewirkung

Die Wirkung eines Werbemittels lässt sich vor dem Einsatz (Pretest) und nach dem Einsatz (Posttest) messen. Gründe für einen Pretest:

● Ermitteln des Werbemittelentwurfs, der am meisten zum Werbeerfolg beitragen kann,
● Lieferung von Hinweisen, wie die Werbemittelgestaltung optimiert werden könnte,
● Erstellen von Prognosen zur Wirkung des Werbemittels.

Der Posttest zeigt nach dem Einsatz, welche Werbewirkung tatsächlich erreicht wurde.

Verbreitete Testverfahren zur Ermittlung der Werbewirkung	
Verfahren zur Messung der Wahrnehmung	• *Blickaufzeichnung (Eye-Mark-Recorder)* • *Tachistoskop-Test* • *Compagnon- oder Spiegeltischverfahren*
Erinnerungsverfahren	• *Recall-Test* • *Aided-Recall-Test* • *Impact-Test*
Wiedererkennungsverfahren	• *Recognition-Test* • *Starch-Test*

10.3.1 Verfahren zur Messung der Wahrnehmung

Blickaufzeichnung (Eye-Mark-Recorder)

Der Blickverlauf einer Testperson wird beim Betrachten von Werbemitteln aufgezeichnet. Dafür setzt die Testperson eine spezielle Blickaufzeichnungsbrille (Eye-Mark-Recorder) auf. Sie macht es möglich, Blickbewegungen und Fixationspunkte beim Betrachten von Anzeigen und anderen Werbemitteln durch eine Kamera aufzuzeichnen.

Man kann also objektiv nachvollziehen, welche Punkte, wie lange und in welcher Reihenfolge von der Testperson angesehen werden. Die Blickaufzeichnung liefert wichtige Hinweise für die optimale Gestaltung eines Werbemittels. Neben dem Blickverlauf werden Antworten auf folgende Fragen gegeben:

- Wird meine Anzeige im Umfeld tatsächlich beachtet?
- Welche Anzeigenelemente werden wie intensiv wahrgenommen?
- Kommt es zu sog. „Vampireffekten" (Ablenkungen), d.h., werden Anzeigenelemente betrachtet, die nicht helfen, die Werbebotschaft zu transportieren?
- Wie gründlich werden die Texte gelesen?

Tachistoskop-Test

Beim Tachistoskop handelt es sich um ein Gerät, das Bilder und andere optische Reize extrem kurzzeitig (Bruchteile von Sekunden) darbietet. Der Testperson werden mit dem Tachistoskop Werbemittel blitzlichtartig gezeigt. Danach wird sie gefragt, was sie glaubt, gesehen zu haben, welche Eindrücke sie hatte, was das Gezeigte wohl sein könnte. Damit kann zum Beispiel ermittelt werden, welche Werbemittelelemente wie schnell erkannt wurden, welche Anmutungserlebnisse die Testperson hatte und ob die Werbebotschaft leicht erkannt wurde.

Compagnon- oder Spiegeltischverfahren

Eine Testperson wird beim Betrachten von Anzeigen in einer quasibiotischen Versuchsanordnung verdeckt beobachtet.

Der Testperson wird gesagt, dass der Befragungsraum noch nicht frei sei. Anschließend wird sie in ein vermeintliches Wartezimmer gebeten. In diesem Zimmer befindet sich ein Spiegeltisch, auf dem die neueste Ausgabe einer Zeitschrift liegt. In diese wurden die zu testenden Anzeigen wirklichkeitsgetreu montiert.

Mit einer versteckten Kamera werden gleichzeitig die betrachtete Zeitschrift und die im Spiegelbild des Tisches sichtbaren Augenbewegungen beim Anschauen der Zeitschrift erfasst.

Nach Beendigung des Tests wird der Testperson mitgeteilt, dass sie mit versteckter Kamera gefilmt wurde. Ist die Testperson mit der Auswertung des Films einverstanden, zeigt das Videoband, wie viele Leser die Testanzeigen überhaupt gesehen und wie lange sie sie jeweils betrachtet haben.

10.3.2 Erinnerungsverfahren

Bei den Erinnerungsverfahren werden die Testpersonen nach einer gewissen Zeit befragt, ob sie sich an ein Werbemittel oder an Elemente eines Werbemittels erinnern können.

Ungestützte Erinnerung (Unaided Recall)

Der Befragte erhält keinerlei Hilfen für die Erinnerung an die Werbemittel (Beispiel: Nennen Sie fünf Automarken, für die in letzter Zeit im Fernsehen geworben wurde). Anschließend kann noch nach den Inhalten der Spots gefragt werden.

Gestützte Erinnerung (Aided Recall)

Der Befragte erhält Erinnerungshilfen in Form von Produktlisten, Markenlisten bzw. Logos, Titelkarten, Verpackungen etc., die ihm die Erinnerung an die Werbung erleichtern sollen. Anschließend kann noch nach Details der Werbung gefragt werden.

Impact-Verfahren

Bei dem Impact-Test nach Gallup wird dem Befragten die letzte Ausgabe einer Zeitschrift vorgelegt und gefragt, ob er diese Ausgabe gelesen hat. Der Proband gilt dann als Leser, wenn er sich an bestimmte Inhalte der Testausgabe konkret erinnern kann.

Anschließend werden der Versuchsperson Kärtchen mit Marken- und Herstellernamen vorgelegt, zu denen sie jeweils angeben soll, ob für die Marke bzw. den Hersteller in der Ausgabe geworben wurde. Zur Kontrolle werden auch Marken aufgenommen, für die nicht geworben wurde. Falls der Befragte sich an beworbene Marken erinnern kann, wird er gebeten, Einzelheiten aus der Anzeige zu nennen.

10.3.3 Wiedererkennungstest (Recognition)

Recognition-Test
Den Testpersonen werden Werbemittel vorgelegt mit der Frage, ob sie diese wiedererkennen bzw. sich daran erinnern.

Dabei kann es zu erheblichen Fehlern kommen, denn die Auskunftspersonen neigen oft dazu, ihr «gutes Gedächtnis» zu beweisen, sodass mehr wiedererkannt wird, als tatsächlich gesehen wurde, oder sie irren sich einfach. Daher ist es notwendig, Kontrollfragen einzubauen. Dies geschieht in Form von Werbemitteln, die die Befragten unmöglich vorher gesehen haben können. Aus den Antworten lässt sich dann erkennen, welche Befragten zuverlässig bzw. unzuverlässig sind.

Starch-Test
Hier wird mit dem Befragten eine Zeitschrift vollständig durchgeblättert. Bei jeder Anzeige soll die Versuchsperson angeben, ob sie diese bereits gesehen hat, ob die Marke bemerkt wurde und welche Anzeigenelemente wahrgenommen wurden. Zur Kontrolle sind häufig Anzeigen einmontiert, die noch nie geschaltet wurden.

10.4 Messen des ökonomischen Werbeerfolgs

Bei der ökonomischen Werbeerfolgskontrolle möchte der Werbungtreibende herausfinden, ob seine Werbemaßnahme einen positiven Einfluss auf die ökonomischen Unternehmensziele (Umsatz, Absatz, Gewinn, Marktanteil usw.) hatte.

Die Daten hierfür (z.B. Umsatzentwicklung in % oder Mehrumsatz in €) sind relativ einfach zu erhalten. Warum es aber problematisch ist, diese Zielgrößen zur Werbeerfolgskontrolle heranzuziehen, wird am Beispiel der Umsatzentwicklung im Folgenden näher erläutert.

● Alle Marketinginstrumente haben Einfluss auf den Umsatz (z.B. durch Qualität, Design, Verfügbarkeit, Preis usw.). Ist das Produkt zum Beispiel von augenscheinlich minderer Qualität, kann noch so gute Werbung dieses Produkt nicht verkaufen.

- Viele Störgrößen wirken zeitgleich auf die Umsatzentwicklung ein und verzerren das Ergebnis. Diese Störgrößen sind z.B. Maßnahmen der Wettbewerber, saisonale und konjunkturelle Einflüsse, die Kaufkraftentwicklung usw.

- Andere Kommunikationsmaßnahmen des Unternehmens wie z.B. verkaufsfördernde Maßnahmen (VKF) und Public Relations (PR) wirken ebenfalls auf den Umsatz ein.

- Kommunikationsmaßnahmen wirken meist zeitverzögert mit folgenden Effekten: Kommunikationsmaßnahmen aus der Vorperiode wirken sich noch aus; die aktuelle Kommunikationsmaßnahme wirkt erst später. Eine zeitliche Zuordnung von Umsatzveränderungen auf eine bestimmte Kommunikationsmaßnahme ist daher schwierig.

Einige Verfahren zur Messung des ökonomischen Werbeerfolgs versuchen, den Einfluss von Störgrößen und anderen Effekten möglichst gering zu halten. Im Folgenden werden die wichtigsten kurz beschrieben (eine ausführliche Darstellung und weitere Verfahren findet man bei Weis: Marketing, 15. Auflage 2009, S. 499 ff.).

Bestellung unter Bezugnahme auf das Werbemittel (BuBaW-Verfahren)

Dieses Verfahren wird eingesetzt, wenn das Werbemittel (z.B. Anzeige, Werbebrief, Katalog etc.) als Antwortelement (Response-Element) einen Bestellabschnitt/Coupon enthält.

Die Rücklaufquote (der Response) des Bestellabschnitts dient als Gradmesser für den Werbeerfolg.

Gebiets-Verkaufstest

Auf mindestens zwei gleichartigen Märkten (einem Test- und einem Kontrollmarkt) wird überprüft, ob die Werbung einen Einfluss auf bestimmte Kenngrößen (z.B. den Umsatz) hat.

Auf dem Testmarkt wird geworben, auf dem Kontrollmarkt nicht. Der Werbeerfolg bezüglich des Umsatzes wird wie folgt ermittelt:

Der Umsatz des Kontrollmarktes wird vom Umsatz des Testmarktes abgezogen.

Die Differenz ergibt den Erfolg der Werbemaßnahme.

Netapps-Methode von Daniel Starch

Bei der Netapps-Methode wird nur eine Befragung in einem Gebiet durchgeführt. Nach einer Werbekampagne werden Personen repräsentativ ausgewählt und in zwei Gruppen eingeteilt:

Gruppe 1: Personen mit Werbekontakt (z.B. Anzeige gelesen)
Gruppe 2: Personen ohne Werbekontakt (z.B. Anzeige nicht gelesen)

Nun wird die Käuferrate der Gruppe 1 ermittelt. Die Käuferrate ist der prozentuale Anteil der Personen in der Gruppe 1, die in einem bestimmten Zeitraum das umworbene Produkt gekauft haben.

Danach wird die Käuferrate der Gruppe 2 (Personen ohne Werbekontakt) ermittelt.

Der Werbeerfolg ist die Differenz der Käuferrate der Gruppe 1 (werbebeeinflusste Käufer) und der Käuferrate der Gruppe 2 (nicht werbebeeinflusste Käufer).

Methode der Direktbefragung

Bei diesem Verfahren werden die Käufer des umworbenen Produkts gefragt, inwieweit der Kauf auf die Werbemaßnahme oder auf andere Gründe zurückzuführen ist. Dieses Verfahren ist recht einfach und in der Praxis weit verbreitet, aber problematisch. Oft möchte der Befragte nur gefällig sein und/oder er weiß selbst nicht genau, inwieweit seine Kaufentscheidung durch die Werbung beeinflusst wurde (vgl. Pepels 2001).

Aufgaben zur Selbstkontrolle

1. Beantworten Sie bitte durch Ankreuzen!

	richtig	falsch
Mit einem Unaided-Recall-Test wird überprüft, ob sich die Testperson ohne eine Erinnerungshilfe an eine Anzeige erinnern kann.		
Bei einem Recognition-Test werden den Testpersonen Werbemittel vorgelegt mit der Frage, ob sie diese wiedererkennen bzw. sich daran erinnern.		
Ein Werbemittel-Posttest soll vor der Streuung des Werbemittels Hinweise zur Optimierung der Werbemittelgestaltung liefern.		
Der Aided-Recall-Test misst die Wiedererkennung einer Werbemaßnahme. Dieses Verfahren wird auch als Wiedererkennungsverfahren bezeichnet.		
Während eines Recall-Tests wird Probanden die Musik in Werbespots vorgespielt. Dabei werden Herzfrequenz und Hauttemperatur gemessen.		
Die Messung des ökonomischen Werbeerfolgs ist häufig problematisch, weil Störgrößen Einfluss nehmen.		

2. Was zeigen die folgenden Zielgrößen an?

	Ökonomischen Werbeerfolg	Vorökon. Werbeerfolg
Umsatzsteigerung		
Recognition		
BuBaW-Verfahren		
Ungestützter Recall		
Steigerung des Bekanntheitsgrades		
Imageänderung		

11 In acht Schritten zu Ihrem kurzfristigen Marketingplan

Im Marketingplan legen Sie den Weg fest, auf dem Sie Ihre Marketingziele erreichen möchten. Ein kurzfristiger Marketingplan ist gültig für
die nächste Planungsperiode, in der Regel für ein Jahr. Dabei sind die
strategischen Stellgrößen des Unternehmens unbedingt zu beachten.

Für jede Produkt-Markt-Kombination wird ein eigener Marketingplan entwickelt. In der Praxis wird meist bei der Hinzunahme neuer
Produkte in das Leistungsangebot des Unternehmens ein detaillierter,
schriftlicher Marketingplan erstellt.

In den kommenden Planungsperioden wird dieser dann den verän-
derten Bedingungen angepasst. Der vorliegende Aufbau soll Sie bei der
Entwicklung und Überarbeitung Ihres Marketingplans unterstützen.

1. Schritt: Analysieren Sie Ihre Ausgangslage

Analysieren und beschreiben Sie Ihre momentane Ist-Situation. Viele
marketingrelevante Sachverhalte haben sich seit Ihrer letzten Planung
sicher geändert. Wenden Sie hierbei die Methoden aus der Marktforschung an (vgl. Kapitel 3: „Marktforschung").

Die Gesamtmarktsituation
Analysieren und beschreiben Sie die gegenwärtige Situation des Marktes, auf dem Sie tätig sind bzw. sein möchten.

Mögliche Fragestellungen:
- Handelt es sich um einen wachsenden, gesättigten oder gar
  schrumpfenden Markt? Welche Marktwachstumsraten werden
  prognostiziert?
- Wie ist der Markt strukturiert? Wird der Markt von wenigen großen
  Anbietern beherrscht oder bewegen Sie sich auf einem zersplitter-
  ten Markt mit vielen kleinen lokalen und einigen überregionalen
  Anbietern? Gibt es Konzentrationstendenzen?
- Wie viele Produkte können in der nächsten Planungsperiode insge-
  samt von allen Anbietern zusammen am Markt abgesetzt werden
  (Marktpotenzial)?

- Wie viele Produkte werden zurzeit tatsächlich (bzw. voraussichtlich) von allen Anbietern zusammen abgesetzt (derzeitiges und voraussichtliches Marktvolumen)?

Machen Sie nun Aussagen über allgemeine Trends und Entwicklungen des Marktes. Ziehen Sie hierzu geeignete Studien heran.

Mögliche Fragestellungen:
- Welche gesellschaftlichen, technologischen, politisch-rechtlichen und ökologischen Faktoren und Entwicklungen nehmen Einfluss auf Ihren Markt? Welche Schlussfolgerungen ziehen Sie daraus?
- Wie können Sie auf Entwicklungen reagieren? Wie reagiert die Branche voraussichtlich auf diese Entwicklungen?

Ihr relevanter Teilmarkt
Beschreiben Sie nun, auf welchem Teilmarkt Sie tätig sind bzw. sein möchten. Wie groß ist Ihr derzeitiger (angestrebter) Marktanteil? Die Abgrenzung des Teilmarktes ist meist nicht einfach, Sie sollten sich aber unbedingt die notwendigen Überlegungen dazu machen. Die Auswahl des Teilmarktes hat weitreichende Konsequenzen.
Beispielsweise macht es für alle weiteren Marketingentscheidungen einen großen Unterschied, ob Sie sich als Hersteller eines Getränkes mit hohem Fruchtsaftanteil auf dem Fruchtsaftgetränkemarkt oder auf dem Erfrischungsgetränkemarkt bewegen (werden).

Wichtige Merkmale, nach denen Sie Ihren Markt abgrenzen können:
- produkt- und nutzenbezogene Merkmale (z.B. Fruchtsaftmarkt; Erfrischungsgetränkemarkt),
- geografische Merkmale (z.B. Berliner Raum, Norddeutschland, deutschlandweit, europaweit, weltweit),
- zielgruppenbezogene Merkmale, wie (firmen-)demografische, psychografische oder Verhaltensmerkmale (z.B. Getränke für Kinder, Ernährungsbewusste, Sportler, Endkonsumenten, die Gastronomie, Fitnessstudios etc.),
- manchmal ist auch eine zeitliche Abgrenzung sinnvoll (z.B. das Getränk zur WM 2006).

Überlegen Sie, welche Abgrenzungskriterien für Ihr Unternehmen sinnvoll sind.

Ihre Zielgruppe

Beschreiben Sie Ihre ausgewählte Zielgruppe möglichst präzise (vgl. Merkmale zur Zielgruppenbeschreibung in Kapitel 2: „Zielgruppen und Kaufverhalten").

Mögliche Fragestellungen:
- Auf welche Zielgruppe/n konzentrieren Sie sich im Wesentlichen?
- Möchten Sie neue Zielgruppen gewinnen?
- Wie viele Personen/Unternehmen gehören dieser Zielgruppe an?
- Wer spielt bei der Kaufentscheidung eine Rolle?
- Welche Bedürfnisse bestehen in Ihrer Zielgruppe?
- Welchen Nutzen erwartet die Zielgruppe von Ihrem Angebot?
- Aus welchem Grund wählt die Zielgruppe Ihr Angebot aus?
- Wie treu ist Ihre Zielgruppe?
- Wie wird sich Ihre Zielgruppe voraussichtlich entwickeln?
- Wie entwickeln sich voraussichtlich die Nutzenerwartungen in Ihrer Zielgruppe?

Ihr eigenes Unternehmen

Beschreiben Sie kurz für den Marketingplan relevante Sachverhalte Ihrer eigenen Unternehmenssituation. Dazu können Sie Analyseinstrumente wie den Produktlebenszyklus, die Potenzialanalyse oder die Portfolioanalyse heranziehen.

Mögliche Fragestellungen:
- Welche Ressourcen (finanziell, Know-how, Lieferanten, Mitarbeiter etc.) stehen Ihnen zur Verfügung?
- Wo liegen Ihre besonderen Stärken und Fähigkeiten?
- Welches Image hat Ihr Unternehmen bzw. Ihr Angebot?

Ihre Wettbewerber

Analysieren und beschreiben Sie Ihre aktuelle Wettbewerbssituation.

Mögliche Fragestellungen:
- Wer bietet Gleiches oder Ähnliches an (direkte Wettbewerber)?
- Welche Leistungen werden von Ihrer Zielgruppe alternativ in Anspruch genommen (z.B. Bahn- oder Flugreise)?
- Wer sind Ihre Hauptwettbewerber?

- Welche Leistungen bieten Ihre Wettbewerber zu welchen Konditionen an?
- Worin unterscheidet sich das Angebot der Wettbewerber von Ihrem Angebot?
- Wo sehen Sie Stärken und Schwächen Ihrer Wettbewerber im Verhältnis zu Ihrem Unternehmen?
- Wie positionieren sich Ihre Wettbewerber (Marktauftritt/Werbebotschaften/Medien)?
- Welche Absatzgebiete werden von Ihren Wettbewerbern bearbeitet?
- Welche Vertriebswege werden von Ihren Wettbewerbern genutzt?
- Wo bieten sich Kooperationen an?
- Wie wird sich der Wettbewerb voraussichtlich entwickeln?
- Welche Folgerungen ziehen Sie aus Ihrer derzeitigen und zukünftigen Wettbewerbssituation?

2. Schritt: Formulieren Sie Ihre Marketingziele

Formulieren Sie nun Ihre allgemeinen Marketingziele.

Beispiele für allgemeine Marketingziele:
- Markteinführung eines Produkts
- Erhöhung des Absatzes (Anzahl der verkauften Mengeneinheiten)
- Erhöhung des Umsatzes (abgesetzte Mengeneinheiten in Euro)
- Ausbau des Marktanteils
- Steigerung des Bekanntheitsgrades (Wissen über Ihr Angebot)
- (Neu-)Positionierung Ihres (neuen) Angebots
- Erhöhung der Anzahl an Interessenten
- Erhöhung des Distributionsgrades für Ihr Produkt

Konkretisieren Sie Ihre Ziele (vgl. Kapitel 5:„Marketingplanung").

Machen Sie sich bereits jetzt Gedanken, welche Indikatoren und Kennzahlen Sie zur Kontrolle der Zielerreichung heranziehen können (vgl. Kapitel 10:„Kontrolle").

Sollte es später zu negativen Zielabweichungen kommen, forschen Sie nach den Ursachen! Ihre gewonnenen Erkenntnisse sollten Sie auf jeden Fall in Ihre nächste Planung einfließen lassen.

3. Schritt: Treffen Sie Entscheidungen zu Ihrem Angebot

Beschreiben Sie nun detailliert Ihr Angebot für Ihre Zielgruppen (vgl. Kapitel 6: „Produktpolitik").

Mögliche Fragestellungen:
- Welchen Grundnutzen bieten Sie Ihrer Zielgruppe?
- Welche Zusatznutzen bieten Sie?
- Wie ist Ihr Angebot zurzeit positioniert (bzw. soll es positioniert werden)?
- Welche Eigenschaften hat Ihr Angebot?
- Wie ist die Qualität Ihres Angebots (technische Qualität / organisatorische Qualität / fachliche Qualität)?
- Welchen Service bieten Sie an?
- Welche Garantien geben Sie?
- Wird das Angebot unter einer Marke angeboten?
- In welcher Phase des Produktlebenszyklus befindet sich Ihr Angebot? Welche Schlussfolgerungen ziehen Sie daraus?
- Sind Produktdifferenzierungen geplant?

4. Schritt: Treffen Sie Entscheidungen zur Kontrahierungspolitik

Beschreiben Sie nun die Gegenleistung, die Sie von Ihrer Zielgruppe erwarten (vgl. Kapitel 7: „Kontrahierungspolitik").

Mögliche Fragestellungen:
- Welche Preisstrategie ist bei der Einführung eines neuen Produkts geplant?
- Welche Preislage ist langfristig angestrebt?
- Woran orientieren Sie sich bei der Preisbildung im Wesentlichen (Kosten/Nachfrage/Wettbewerb)?
- Wie gestalten Sie den Grundpreis für die Leistung?
- Sind Preisdifferenzierungen möglich und geplant?
- Welche Rabatte werden für wen eingeräumt?
- Sind Preisaktionen geplant?
- Wie sind die Zahlungs- und Lieferbedingungen?

5. Schritt: Treffen Sie Entscheidungen zur Distributionspolitik

Beschreiben Sie jetzt, wie Ihr Angebot zum Kunden kommen soll (vgl. Kapitel 8: „Distributionspolitik").

Mögliche Fragestellungen:
- Vertreiben Sie das Produkt selbst oder über selbstständige Absatzmittler (direkter oder indirekter Vertrieb)?
- Sind die Voraussetzungen vorhanden, um das Produkt selbst zu vertreiben?
- An welchen Standorten kann das Produkt erworben werden?
- Welche und wie viele Absatzmittler werden eingeschaltet?
- Wie werden die Absatzmittler motiviert?
- Wann und wie kann das Angebot gekauft und/oder bestellt werden?
- Kann Ihr Produkt im Internet bestellt werden?
- Welche Lieferzeiten sollen eingehalten werden?
- Welche Transportmittel sollen eingesetzt werden?

6. Schritt: Treffen Sie Entscheidungen zur Kommunikationspolitik

Beschreiben Sie an dieser Stelle, wie Sie Ihre Zielgruppe über Ihr Angebot informieren wollen (vgl. Kapitel 9: „Kommunikationspolitik").

Mögliche Fragestellungen:
- Welche Gestaltungsrichtlinien müssen eingehalten werden (Corporate Design)?
- Welche Inhalte sollen vermittelt werden (Consumer Benefit, Reason Why)?
- Welchen Stil soll die Kommunikation haben (Tonality)?
- Welche Kommunikationsinstrumente sollen eingesetzt werden?
  - klassische Instrumente: Werbung, Public Relations / Öffentlichkeitsarbeit, Verkaufsförderung, persönlicher Verkauf, Messen und Ausstellungen
  - moderne Instrumente: Online-Marketing, Ambient Media, Direktmarketing, Product-Placement, Sponsoring

- Über welche Medien (Werbeträger) ist die Zielgruppe am besten erreichbar? Wo müssen die Werbemittel platziert werden?
- Welche Werbemittel sollen zum Einsatz kommen (Anzeigen, Plakate, Prospekte, TV-Spots etc.)?
- Wie werden die einzelnen Kommunikationsmaßnahmen miteinander verknüpft, sodass sie nicht nur isoliert wirken, sondern wirkungsvoll ineinandergreifen (also eine richtige Kampagne ergeben)?
- Über welchen Zeitraum und mit welcher Intensität („Werbedruck") muss die Kampagne gefahren werden, damit die gewünschte Kommunikationswirkung (z.B. Erhöhung des Bekanntheitsgrades) erreicht werden kann?
- Welche Agentur kann Sie dabei unterstützen (Full-Service- oder Spezialagentur)?
- Welche Kommunikationsmaßnahmen sind für den Markteintritt geplant?

7. Schritt: Suchen Sie gegebenenfalls Kooperationspartner

Falls Kooperationen mit anderen Unternehmen bestehen bzw. geplant sind, beschreiben Sie bitte, welche Kooperationen dies sind.

Mögliche Fragestellungen:
- Mit welchen Kooperationspartnern arbeiten Sie zusammen?
- In welchem Bereich soll kooperiert werden (z.B. Werbekooperation)?
- Welche Ziele verfolgen Sie mit dieser Kooperation?

8. Schritt: Stellen Sie Kosten- und Zeitpläne auf

Erstellen Sie jetzt für Ihre Marketingmaßnahmen Kosten- und Zeitpläne. Ein vereinfachter Kosten- und Zeitplan ist beispielhaft in der folgenden Übersicht dargestellt.

Kosten- und Zeitplan 2014 (Angaben in €)

Bereich	Maßnahmen	Jan	Feb	Mrz	Apr	Mai	Jun	Jul	Aug	Sep	Okt	Nov	Dez	Jahr
PR	Journalistendienst													
	Pressemitteilung													
	Presseankündigung	200												200
	Website	500												500
	Ausgaben netto	700												700
	Budget netto	1.500	500	500	1.000	1.000	1.000	1.000	1.000	1.000	1.000	1.000	1.000	11.500
	Differenz	800	500	500	1.000	1.000	1.000	1.000	1.000	1.000	1.000	1.000	1.000	10.800
Werbung	Infoflyer Standard													
	Sonderflyer		16.000											16.000
	Infobroschüre													
	Werbebriefe							1.500	1.500	1.500				4.500
	Sonderpostkarten													
	Ausgaben netto		16.000					1.500	1.500	1.500				20.500
	Budget netto	500	20.000					1.500	1.500					23.500
	Differenz	500	4.000							-1.500				3.000
Schulung	Verkaufsmitarbeiter			4.500	4.500									9.000
	Ausgaben netto			4.500	4.500									9.000
	Budget netto			4.500	4.500									9.000
	Differenz													
	Gesamtkosten	700	16.000	4.500	4.500			1.500	1.500	1.500				30.200
	Geamtbudget	2.000	20.500	5.000	5.500	1.000	1.000	2.500	2.500	1.000	1.000	1.000	1.000	44.000

Marketingglossar

Die wichtigsten Begriffe im Überblick

4-P-Modell: Kurze Beschreibung des Marketingmix anhand der vier Instrumente Product (= Produktpolitik), Price (= Preispolitik), Place (= Distributionspolitik) und Promotion (= Kommunikationspolitik). Vgl. hierzu auch „5-P-Modell" und „Marketingmix".

5-P-Modell: Kurze Beschreibung des Marketingmix, wie im 4-P-Modell, allerdings erweitert um den Faktor Personnel (= Personal), der insbesondere im Dienstleistungsbereich eine außerordentliche Bedeutung besitzt. Vgl. hierzu auch „4-P-Modell" und „Marketingmix".

ABC-Analyse: Umsatzstrukturanalyse, bei der man feststellt, welche Produkte (oder Kunden) besonders wichtig (also A-Produkte bzw. A-Kunden) und welche weniger wichtig (also C-Produkte bzw. C-Kunden) sind. A-Produkte und A-Kunden (sogenannte „Key-Accounts") bedürfen besonderer Pflege, weil sie hohe Umsatzanteile haben und damit geradezu unverzichtbar sind für den Betrieb.

Above-the-Line-Kommunikation (ATL): „Klassische" Werbung unter Nutzung der „klassischen" Medien (Anzeigen in Zeitungen und Zeitschriften, Plakate, Spots in TV, Hörfunk und Kino). Werbung „above the line" ist sofort und unmissverständlich als vom Werbungtreibenden direkt und selbst gestaltete Werbung erkennbar. Vgl. hierzu auch „Below-the-Line-Kommunikation (BTL)".

Absatzmittler: Wirtschaftlich und rechtlich selbstständige Personen oder Unternehmen (z.B. Groß-/Einzelhändler), die beim indirekten Vertrieb Distributionsaufgaben übernehmen. Absatzmittler werden nicht als Kunden, sondern als Kooperationspartner gesehen, die den Weg zum Kunden ermöglichen oder zumindest erleichtern. Vgl. hierzu auch „Trade Marketing".

AE-Provision: Rückvergütungsmodell für das von Agenturen bei Medien geschaltete Werbevolumen. Die AE-Provision beträgt üblicherweise (noch) 15 % des Schaltvolumens. Die Bezeichnung „AE" ist auf den

Begriff der Annoncen-Expedition zurückzuführen, also den Vorgänger der heutigen Werbeagentur. Die Annoncen-Expeditionen bekamen noch keine Honorare für Beratung, Konzeption, Text und Gestaltung; sie mussten von dem leben, was sie als Anzeigenvolumen in Zeitungen unterbringen konnten. Heute steht dieses Modell aber bereits erheblich in der Kritik.

After-Sales-Marketing: Bemühungen eines Anbieters, nach dem erfolgten Verkauf (bzw. Kauf) weiterhin mit seinen Kunden in Kontakt zu bleiben, um sie ans Unternehmen zu binden (Stammkunden sind rentabler als Neukunden!).

AIDA-Modell: Stufenmodell zur Beschreibung der Werbewirkung, 1898 von Elias Saint Elmo Lewis (kurz: Elmo Lewis) zur Optimierung der Verkaufsgesprächsführung entwickelt. Das erste A steht für Attention (Aufmerksamkeit erregen), I steht für Interest (Interesse wecken), D steht für Desire (Kaufwunsch oder Wunsch nach mehr Informationen erzeugen), das zweite A steht für Action (Aktion/Handlung auslösen, z.B. Bestellung auslösen).

AUMA: Ausstellungs- und Messe-Ausschuss der Deutschen Wirtschaft e.V., Berlin. Der AUMA vertritt Aussteller und Messegesellschaften und beschäftigt sich mit der Förderung des Messe- und Ausstellungswesens in Deutschland, damit Deutschland bei Messen und Ausstellungen auch weiterhin eine Spitzenposition im internationalen Vergleich einnimmt. Vgl. hierzu auch „FKM".

B2B-Marketing: B2B steht für „Business-to-Business", bezeichnet also das Firmenkundengeschäft eines Anbieters. Zielgruppe sind hier Betriebe/Organisationen, u.a. Unternehmen (aber nicht Händler, da diese im Marketing lediglich als Absatzmittler und nicht als Kunden betrachtet werden!). Von B2B-Kunden werden zum einen große Mengen eingekauft. Hier spielen also Mengenrabatte, Zahlungsfristen, Liefertermine und Serviceleistungen eine wichtige Rolle. Darüber hinaus hätte eine Fehlentscheidung im Einkauf für den Kunden möglicherweise gravierende Auswirkungen auf die eigene Produktion und die Produktqualität; er kann sich also keine groben Fehler leisten. Daher entscheiden bei Firmenkunden oft nicht einzelne Personen (was sehr subjektiv wäre), sondern sogenannte „Buying Center" (Einkaufsgremien), wodurch die

Einkaufsentscheidung nach einer Ausschreibung sehr viel objektiver wird. Allerdings bedarf der Einkaufsentscheidungsprozess auf Kundenseite zahlreicher Abstimmungen unter mehreren Abteilungen und wird daher auch sehr langwierig (teilweise mehrere Monate bis Jahre). Das muss der Anbieter natürlich berücksichtigen. Vgl. hierzu auch „B2C-Marketing", „Buying Center" und „Zielgruppe".

B2C-Marketing: B2C steht für „Business-to-Customer", bezeichnet also das Privatkundengeschäft eines Anbieters. Zielgruppe sind Privathaushalte (Konsumenten, Endverbraucher). Beispiel: Ein Hotel kann Privatpersonen die Tagungsräume für Hochzeits- oder Geburtstagsfeiern anbieten (B2C); die gleichen Tagungsräume wird man aber häufiger und zu höheren Preisen an Unternehmen vermieten können, die dort Seminare, Workshops, Tagungen oder Pressekonferenzen durchführen wollen (B2B). Vgl. hierzu „B2B-Marketing", „Zielgruppe", „Psychografische Zielgruppenmerkmale", „Soziodemografische Zielgruppenmerkmale" und „Verhaltensbeschreibende Zielgruppenmerkmale".

Befragung: Die am weitesten verbreitete Erhebungsmethode der Primärforschung. Auskunftspersonen (Probanden) werden schriftlich, persönlich, telefonisch oder computergestützt befragt und zur Antwort aufgefordert.

Below-the-Line-Kommunikation (BTL): Sonderwerbeformen und alle nicht klassischen Kommunikationsinstrumente: Public Relations (Öffentlichkeitsarbeit), Direktmarketing, Online-Marketing, Sponsoring, Product-Placement, Verkaufsförderung (Sales Promotion), Event-Marketing, Merchandising, Messen und Ausstellungen. Vgl. hierzu auch „Above-the-Line-Kommunikation (ATL)".

Break-even-Analyse (Gewinnschwellenanalyse)**:** Hier wird untersucht, ab welcher Absatzmenge ein Unternehmen bei einem bestimmten Stückpreis seine Gesamtkosten gedeckt hat und in die Gewinnzone kommt. Der Break-even-Point (BEP) bezeichnet die Absatzmenge, bei der der Umsatz alle Kosten deckt und die Gewinnschwelle erreicht wird (Umsatz = Kosten, Gewinn = 0).

Buying Center: Einkaufsgremium, mit dem die Objektivität einer Einkaufsentscheidung in Organisationen erhöht werden soll. Im B2B-Marketing ist es wichtig, die einzelnen Funktionsträger eines Einkaufs-gremiums zu kennen, um sie a) gezielt ansprechen und b) ihnen die jeweils für sie passenden Zuarbeiten (z.B. Konzepte als Entscheidungs-hilfen) liefern zu können. Typische Funktionsträger im Buying Center sind der Gatekeeper (Türöffner, z.B. Sekretärin oder Assistentin der Ge-schäftsleitung), der Decider (Entscheider, z.B. der Geschäftsführer), der Buyer (Einkäufer, z.B. der Mitarbeiter in der Einkaufsabteilung), der User (Anwender, z.B. der Mitarbeiter, der mit der neu eingekauften Software arbeiten soll) und der Influencer (Beeinflusser, z.B. ein externer Unter-nehmensberater, Grafiker oder Kooperationspartner). Vgl. hierzu auch „B2B-Marketing".

Clipping: Sammlung von Ausschnitten aus der Medienberichterstat-tung; dient oft der Erfolgskontrolle von PR- und Sponsoringaktivitäten.

Copy Platform (auch: Copy-Strategie): Modell zur Entwicklung einer werbewirksamen Argumentation; besteht aus drei Elementen: 1. Con-sumer Benefit (Nutzenversprechen), 2. Reason Why (Begründung der Leistungsfähigkeit und Erläuterung, warum der ausgelobte Nutzen für den Kunden relevant ist), 3. Tonality (Art der Ansprache, Stil, Flair). Mit der Tonality bestimmt man also den „Tonfall" des Werbeauftritts. Man kann beispielsweise sachlich oder verspielt oder romantisch auftreten, oder auch mit Ironie, mit Verständnis oder mit provokativen Mehrdeu-tigkeiten ... – je nachdem, was zum Markencharakter und zur Zielgrup-pe passt.

Corporate Identity (CI): Alle Aktivitäten eines Unternehmens werden auf ein gemeinsames Unternehmensleitbild ausgerichtet; das betrifft das Erscheinungsbild (Corporate Design, CD), das Verhalten gegenüber Kunden, Lieferanten, Konkurrenten und Mitarbeitern (Corporate Beha-vior, CB) sowie die interne und externe Unternehmenskommunikation (Corporate Communications, CC).

Discountstrategie: Niedrigpreisstrategie bzw. Preis-Mengen-Strategie. Der Preis eines Produkts wird dauerhaft unter dem durchschnittlichen Marktpreis angesetzt. Der Anbieter hofft, gemäß der Preis-Absatz-Funktion (Nachfragekurve), durch den niedrigen Preis auf eine hohe Nachfrage für sein Produkt. Die Discountstrategie ist das Gegenteil der Premiumstrategie. Vgl. hierzu „Premiumstrategie".

Distributionspolitik: Bezieht sich auf alle Entscheidungen, die im Zusammenhang mit dem Weg eines Produkts vom Hersteller zum Käufer stehen. Das beinhaltet im Wesentlichen die Entscheidung zwischen Direktvertrieb und indirektem Vertrieb (über Absatzmittler), die Auswahl der Absatzmittler (bei indirektem Vertrieb) und die Gestaltung der Absatzlogistik (Verkehrsträger, Lager etc.).

Diversifikation: Erweiterung des Produktprogramms um neue, zusätzliche Produkte, die auf neuen Märkten angeboten werden. Horizontale Diversifikation: Erweiterung des Produktprogramms um neue Produkte auf der gleichen Wirtschaftsstufe. Vertikale Diversifikation: Erweiterung des Produktprogramms um neue Produkte auf einer vor- oder nachgelagerten Wirtschaftsstufe (Abwärts- oder Aufwärtsintegration). Laterale Diversifikation: Erweiterung des Produktprogramms um neue Produkte, die mit dem ursprünglichen Produktprogramm nicht in Beziehung stehen.
Beispiel für eine horizontale Diversifikation: Ein Automobilhersteller bietet neben Autos jetzt auch Motorräder an. Beispiel für eine vertikale Diversifikation auf einer vorgelagerten Wirtschaftsstufe (= Abwärtsintegration): Ein Automobilhersteller kauft eine Reifenfabrik auf. Beispiel für eine vertikale Diversifikation auf einer nachgelagerten Wirtschaftsstufe (= Aufwärtsintegration): Ein Automobilhersteller kauft eine Autohauskette auf. Beispiel für eine laterale Diversifikation: Ein Automobilhersteller bietet neben Autos auch Audio-CDs und Camping-Zubehör (Zelte, Decken, Rucksäcke etc.) an.

FKM: Gesellschaft zur Freiwilligen Kontrolle von Messe- und Ausstellungszahlen, Berlin; beschäftigt sich mit der Überprüfung der Angaben von Messeveranstaltern im Hinblick auf die Zahl der Besucher (insbesondere der Fachbesucher) und der Aussteller, den Anteil der ausländischen Aussteller und Besucher, die vermietete Hallen- und Freigeländefläche etc.; so werden die Angaben der Veranstalter von Messen und Ausstellungen objektiviert und können so als Planungsgrundlage für die oftmals millionenschweren Entscheidungen der Marketingmanager dienen, ob es sich (voraussichtlich) lohnt, als Aussteller auf diese Messe zu gehen – oder eher nicht. Vgl. hierzu auch „AUMA".

Fundraising: Beschaffung von Mitteln zur Aufrechterhaltung des Geschäftsbetriebs, insbesondere für gemeinnützige Organisationen (Non

Profit Organizations, NPOs). Typische Maßnahmen im Rahmen des Fundraisings sind das Einwerben von Sponsorenmitteln (Sachmittel, Geldmittel, Dienstleistungen), das Einwerben von Spenden (Sach- oder Geldspenden), das Beantragen von Fördermitteln (beim Land, beim Bund, bei der Europäischen Union oder bei Stiftungen), das Einwerben und „Pflegen" von Mitgliedern für die Organisation (z.B. Partei-, Verbands- oder Vereinsmitglieder) sowie das Anwerben ehrenamtlicher Helfer.

Gesamtmarktabdeckung: Marktsegmentierungsstrategie, bei der ein Anbieter mit seiner gesamten Produktpalette auf allen Teilmärkten präsent ist (daher auch „undifferenziertes Marketing" oder „Massenmarketing"). Vgl. hierzu auch „Marktsegmentierung".

GfK: Gesellschaft für Konsumforschung, Nürnberg. Die GfK ist eines der größten Marktforschungsinstitute in Deutschland und betreibt u.a. den legendären Testmarkt in Haßloch (Rheinland-Pfalz) mit ca. 3.000 teilnehmenden Haushalten.

Grundgesamtheit: Gesamtheit aller Personen, Haushalte oder Unternehmen, über die im Rahmen einer Marktforschungsaufgabe eine Aussage getroffen werden soll (also: die Zielgruppe, über die oder von der man etwas wissen will). Vgl. hierzu auch „Stichprobe", „Repräsentativität", „Vollerhebung" und „Teilerhebung".

Incentives: Belohnungs- und Motivationsveranstaltungen, oft auch Teambildungsveranstaltung (insbesondere für Vertriebsmitarbeiter). Incentives sind fast immer mit Produktschulungen verbunden. Man unterscheidet handels- und mitarbeitergerichtete Incentives. Vgl. hierzu auch „Verkaufsförderung".

Involvement: Bezeichnet die subjektive Wichtigkeit einer Sache für den Konsumenten. Man unterscheidet zwischen High Involvement und Low Involvement. Je höher das Involvement in Bezug auf einen Kaufgegenstand ist (High Involvement), desto intensiver setzt sich der Konsument mit diesem Angebot gedanklich auseinander. Je geringer das Involvement in Bezug auf einen Kaufgegenstand ist (Low Involvement), desto schneller und oberflächlicher trifft der Konsument seine Entscheidung. Vgl. hierzu „Psychografische Zielgruppenmerkmale".

IVW: Informationsgemeinschaft zur Feststellung der Verbreitung von Werbeträgern, Berlin. Die IVW ermittelt schwerpunktmäßig die Auflagenhöhen der einzelnen Printmedien (Zeitungen und Zeitschriften), aber auch die Besucherzahlen von Filmtheatern und Veranstaltungen.

Marke (Brand): Mehrdeutig verwendeter Begriff; bezeichnet zum einen ein markiertes Produkt mit hoher Bedeutung im Markt (Produktmarke), zum anderen kann es sich bei einer Marke auch um die Kennzeichnung eines Unternehmens (Unternehmensmarke) oder ein Gütezeichen handeln.

Marketing: Unternehmerische Denkhaltung, die darauf zielt, über die Befriedigung von Kundenbedürfnissen Erfolg für das Unternehmen zu erreichen. Marketing steht sinngemäß für „Gestaltung eines Marktes" bzw. „Einflussnahme auf den Markt" (mittels der Marketinginstrumente). Dabei geht es unmittelbar um eine hohe Kundenzufriedenheit und mittelbar um einen sicheren (und hohen) Unternehmensgewinn. Die Wirkungskette kann beispielsweise folgendermaßen aussehen: Man ermittelt 1. aktuelle und potenzielle Kundenbedürfnisse, entwickelt 2. passende (zielgruppengerechte, also für den Kunden nützliche) Lösungen, bemüht sich, 3. Absatzmittler und potenzielle Kunden auf das Angebot aufmerksam zu machen (z.B. über Werbung, Public Relations, Messeauftritte und Verkaufsförderung), 4. einen möglichst hohen Bekanntheitsgrad in der relevanten Zielgruppe zu erreichen, dabei 5. ein möglichst positives Image (als vertrauenswürdiger Anbieter attraktiver Produkte) aufzubauen, 6. das Interesse der Zielgruppe zu wecken und 7. bei den Interessenten einen ernsthaften Kaufwunsch zu erzeugen, um 8. in möglichst kurzer Zeit möglichst viele Bestellungen auszulösen, so 9. den Absatz (verkaufte Menge) zu steigern, 10. einen hohen Umsatz (Stückpreis · verkaufte Menge) zu erreichen und 11. einen sicheren bzw. hohen Unternehmensgewinn (Umsatz – Kosten) zu erzielen. Im Marketing geht es also – anders als in der veralteten „Absatzwirtschaftslehre" der 1960er-Jahre – nicht um den reinen Abverkauf der Produkte, die man eben mal hergestellt hat, weil man sie selbst so toll findet, sondern um die konsequente Ausrichtung des gesamten Unternehmens am Markt (Kundenbedürfnisse, Konkurrenzprodukte, technologische Entwicklung, gesellschaftliche Trends etc.), damit man nicht an den Marktanforderungen vorbeiproduziert.

Marketinginstrumente: Mittel zur Erreichung der Marketingziele; typisch werden Produktpolitik, Preispolitik (Kontrahierungspolitik), Distributionspolitik und Kommunikationspolitik unterschieden.

Marketingmix: Verknüpfung mehrerer Marketinginstrumente bzw. einzelner Marketingmaßnahmen, sodass sie sinnvoll ineinandergreifen und optimale Wirkung erzielen. Vgl. hierzu „4-P-Modell" und „5-P-Modell".

Marketingstrategie: Langfristige Planungsvorgabe zur Erreichung der Marketingziele; gibt den Rahmen für den Einsatz der Marketinginstrumente und -maßnahmen vor.

Marketingziele: Typisch ist die Unterscheidung zwischen ökonomischen (quantitativen) und psychologischen (qualitativen) Marketingzielen, wobei die ökonomischen Ziele im Mittelpunkt des unternehmerischen Interesses stehen, die Erreichung der psychologischen Ziele aber die Voraussetzung für die Erreichung der ökonomischen Ziele ist. Beispiele für ökonomische Marketingziele: Umsatzsteigerung, Absatzsteigerung, Steigerung des Marktanteils, Erhöhung der Kundenzahl, Erhöhung des Deckungsbeitrags eines bestimmten Produkts, Steigerung des Unternehmensgewinns. Beispiele für psychologische Marketingziele: Steigerung des Bekanntheitsgrades, Verbesserung des Unternehmens- oder Produktimages, Erhöhung des Kenntnisstandes der (potenziellen) Kunden in Bezug auf das Produkt/Angebot und seine Eigenschaften (Information/Aufklärung), Abbau kognitiver Dissonanzen („Kaufkater") nach dem Kauf, Erhöhung der Kundenzufriedenheit, Erhöhung der Kundenbindung (Markentreue).

Marktanalyse: Detaillierte Untersuchung des gesamten Marktes zu einem bestimmten Zeitpunkt (einmalig oder mehrmalig ohne Kontinuität). Vgl. hierzu auch „Marktbeobachtung", „Markterkundung", „Marktforschung" und „Marktprognose".

Marktanteil: Anteil eines Unternehmens oder eines Produkts am Marktvolumen; kann mengen- oder wertmäßig angegeben werden. Beispiel: Wenn das Marktvolumen einer bestimmten Produktgattung (z.B. Autos) in Deutschland 1.000.000 Stück im Jahr (= 100 %) beträgt und Hersteller X davon 150.000 Autos verkauft, hat er einen mengenmäßigen Marktanteil von 15 %, gemessen an der Gesamtzahl der verkauften Autos. Der wertmäßige Marktanteil bestimmt sich entsprechend am Umsatz der Branche für das betrachtete Marktsegment. Vgl. hierzu auch „Marktpotenzial" und „Marktvolumen".

Marktbeobachtung: Kontinuierliche Untersuchung des Marktes im Zeitverlauf (z.B. jährlich), um Marktentwicklungen feststellen zu können. Vgl. hierzu auch „Marktanalyse", „Markterkundung", „Marktforschung" und „Marktprognose".

Markterkundung: Oberflächliche (planlose), gelegentliche Information zur aktuellen Marktsituation. Vgl. hierzu auch „Marktanalyse", „Marktbeobachtung", „Marktforschung" und „Marktprognose".

Marktforschung: Planmäßige, gezielte Beschaffung, Aufbereitung, Analyse und Interpretation von Informationen über die relevanten Märkte. Vgl. hierzu auch „Marktanalyse", „Marktbeobachtung", „Markterkundung" und „Marktprognose".

Marktpotenzial: Maximale (mögliche) Aufnahmefähigkeit (Kapazität) eines Marktes; kann nur (mengen- oder wertmäßig) geschätzt werden. Vgl. hierzu auch „Marktanteil", „Marktvolumen" und „Marktprognose".

Marktprognose: Abschätzung des Marktes im Hinblick auf die Kundenzahl, den Absatz (also: verkaufte Menge) und den Umsatz (also: Verkaufserlöse) zu einem künftigen Zeitpunkt. Vgl. hierzu auch „Marktanalyse", „Marktbeobachtung", „Markterkundung", „Marktforschung" und „Marktpotenzial".

Marktsegmentierung: Unterteilung eines Gesamtmarktes in mehrere Teilmärkte (Marktsegmente), oft nach soziodemografischen Zielgruppenmerkmalen (Alter, Geschlecht oder Wohnort). Die Marktsegmentierung dient der zielgruppengerechten Entwicklung und Vermarktung von Angeboten. Die Marktsegmente sollten in sich möglichst homogen sein (also große Ähnlichkeit besitzen), sich von anderen Marktsegmenten aber möglichst deutlich unterscheiden (beispielsweise Geschlechter, Regionen/Wohnorte, Einkommensklassen, Altersklassen oder Berufsgruppen). Die Marktsegmente sollten einen direkten Bezug zum

Kaufverhalten der (potenziellen) Kunden aufweisen und über einen längeren Zeitraum hinweg möglichst stabil bleiben. Und schließlich sollten die Kriterien zur Bildung der Teilmärkte (Marktsegmente) so gewählt werden, dass sie mit Marktforschungsmethoden messbar sind, damit man die anvisierte Zielgruppe gut ermitteln und erreichen kann sowie den Erfolg der Marketingmaßnahmen kontrollieren kann. Vgl. hierzu auch „Teilmarkt", „Gesamtmarktabdeckung", „Marktspezialisierung", „Nischenspezialisierung" und „Produktspezialisierung".

Marktspezialisierung: Marktsegmentierungsstrategie, bei der ein Anbieter mit mehreren Produkten auf nur einem Markt präsent ist (daher auch „differenziertes Marketing"). Vgl. hierzu auch „Marktsegmentierung".

Marktvolumen: Tatsächliche Kapazität eines Marktes zu einem bestimmten Zeitpunkt bzw. in einem bestimmten Zeitraum. Beispiel: Anzahl der Neuwagenkäufe in Deutschland im Jahr 2007. Vgl. hierzu auch „Marktanteil" und „Marktpotenzial".

Nischenspezialisierung: Marktsegmentierungsstrategie, bei der sich ein Anbieter mit nur einem Produkt auf nur einen Teilmarkt konzentriert (daher auch „konzentriertes Marketing" oder „Nischenmarketing"). Vgl. hierzu auch „Marktsegmentierung".

Panel: Ein gleichbleibender Kreis von Personen, Haushalten oder Unternehmen (= stehende bzw. permanente Stichprobe) wird über längere Zeit hinweg regelmäßig oder laufend zum gleichen Thema mit der gleichen Methode (z.B. Befragung) untersucht. So lassen sich Einstellungs- und Verhaltensänderungen in der Zielgruppe feststellen. Die beiden wichtigsten Typen sind das Verbraucher- und das Einzelhandelspanel.

Point of Sale: Der Point of Sale (POS) ist der Ort, an dem der Kunde einkauft bzw. einkaufen könnte (also z.B. der Supermarkt). Vgl. hierzu auch „Verkaufsförderung".

Präferenzstrategie: Eine Form der Premiumstrategie. „Präferieren" heißt „bevorzugen". Bei der Präferenzstrategie versucht der Anbieter, durch besondere Produkteigenschaften (USP) und einen außergewöhnlichen Markenauftritt bei den (potenziellen) Kunden Präferenzen

(= Vorlieben) für seine Marke zu erzeugen. Vgl. hierzu „Premiumstrategie" und „USP".

Preisdifferenzierung: Ein vergleichbares Produkt wird zu unterschiedlichen Preisen angeboten. Eine Preisdifferenzierung kann man personenbezogen (z.B. Studentenrabatt beim Bücherkauf), zeitbezogen (z.B. Happy Hour in Cocktailbars oder Haupt- und Nebensaisonpreise bei Hotelbuchungen), mengenbezogen (z.B. Gruppenermäßigungen beim Messebesuch) oder raumbezogen (z.B. unterschiedliche Preise für Barbie-Puppen in den USA und in Schweden) vornehmen. Möglich ist zusätzlich auch eine leistungsbezogene Preisdifferenzierung (z.B. höhere Preise bei Sonderausstattungen in Fahrzeugen), obwohl man das dann auch schon wieder als ein anderes Produkt betrachten könnte.

Preispolitik: Bezieht sich auf alle Entscheidungen, die im Zusammenhang mit der Preishöhe, der Preisbildung und der Auswahl einer Preisstrategie stehen. Dazu gehören u.a. Rabatte (z.B. Mengen- oder Zeitrabatte), aber auch Zugaben, Skonto und Preiszuschläge (z.B. für Expresslieferung).

Premiumstrategie: Hochpreisstrategie bzw. Präferenzstrategie. Der Preis eines Produkts wird dauerhaft über dem durchschnittlichen Marktpreis angesetzt. Der Anbieter muss dem (potenziellen) Kunden dafür verlässlich eine überdurchschnittlich hohe Qualität bieten, für sein Angebot einen USP entwickeln, eine Marke aufbauen und viel in die Marketingkommunikation (Werbung, PR etc.) investieren. Er bietet dem Kunden eine relativ hohe Sicherheit bei der Kaufentscheidung und kann dadurch einen überdurchschnittlich hohen Preis durchsetzen. Die Premiumstrategie ist das Gegenteil der Discountstrategie. Vgl. hierzu „Discountstrategie", „Präferenzstrategie" und „USP".

Primärforschung (Field Research)**:** Erstmalige Gewinnung von neuen, noch nicht in dieser Form vorliegenden Informationen. Die typischen Erhebungsmethoden der Primärforschung sind Befragung, Beobachtung, Test, Experiment und Panel (als Sonderform einer der vorgenannten Erhebungsmethoden, meistens der Befragung).

Proband: Teilnehmer an einer Marktforschungsaktion (z.B. Befragung; der Proband ist hier der Befragte).

Produkteliminierung: Entfernung eines Produkts oder einer ganzen Produktlinie aus dem Produktprogramm.

Produktinnovation: Aufnahme eines für das Unternehmen neuen Produkts in das Produktprogramm. Man unterscheidet die echte Innovation (z.B. ShowView; so etwas gab es vorher noch nicht) von der Quasi-Innovation (z.B. Kühlschrank mit geringerem Energieverbrauch; Kühlschränke gab es vorher auch, aber der neue hat eine sinnvolle Zusatzfunktion) und dem Me-too-Produkt (z.B. die x-te Schreibtischlampe im an den Wagenfeld-Klassiker von 1924 angelehnten Design; me too = ich auch).

Produktlebenszyklus: Modell, das die Zeit der Marktpräsenz eines Produkts anhand einer idealtypischen Absatz-, Umsatz- und Gewinnentwicklung beschreibt. Im 4-Phasen-Modell unterscheidet man die Einführungs-, Wachstums-, Reife- und Rückgangsphase. Im 5-Phasen-Modell folgt auf die Reife- zunächst noch die Sättigungsphase, bevor die Rückgangsphase einsetzt. Im erweiterten Produktlebenszyklus werden neben der oben beschriebenen Marktpräsenzphase (= einfacher Produktlebenszyklus) zusätzlich die Produktentwicklungsphase (Innovationsphase) und die Entsorgungsphase berücksichtigt, weil ja auch hier Kosten entstehen, die in die Gesamtkalkulation einfließen müssen. Insgesamt muss der während der Marktpräsenzphase erzielte Umsatz alle Kosten decken, die im erweiterten Produktlebenszyklus entstehen – und am besten noch einen akzeptablen Gewinn (Umsatz – Kosten) übrig lassen.

Produktpolitik: Beschäftigt sich mit der zielgruppen- und marktorientierten Gestaltung des Produktprogramms eines Unternehmens. Hierzu gehören u.a. die Produktentwicklung, das Produktdesign (Form, Farbe, Größe, Material, Geruch, ...) und programmpolitische Entscheidungen in Bezug auf die Breite und Tiefe des Produktprogramms bzw. Sortiments. Vgl. hierzu auch „Sortimentsbreite" und „Sortimentstiefe".

Produktspezialisierung: Marktsegmentierungsstrategie, bei der ein Anbieter mit einem Produkt auf mehreren Teilmärkten präsent ist (daher auch „differenziertes Marketing"). Vgl. hierzu auch „Marktsegmentierung".

Produktvariation: Weiterentwicklung eines bereits im Programm befindlichen Produkts. Beispiel: Ein Joghurt, den ein Hersteller bereits seit Jahren erfolgreich anbietet, wird jetzt mit intensiverem Aroma und geringerem Zuckeranteil angeboten.

Psychografische Zielgruppenmerkmale: Merkmale, die die Personen einer bestimmten Zielgruppe anhand ihres Denkens und ihrer Empfindungen beschreiben. Beispiele: Einstellungen, Werte und Normen, Tabus, Vorlieben und Abneigungen, Kaufabsichten, Motive, Markenkenntnis (Kenntnisstand zu einem Unternehmen bzw. zu einem Produkt), Vorstellungsbilder (Images) zu bestimmten Marken (Unternehmens- oder Produktmarken), Interessen, Involvement. Vgl. hierzu auch „Soziodemografische Zielgruppenmerkmale", „Verhaltensbeschreibende Zielgruppenmerkmale" und „Zielgruppe".

Quotenverfahren: Bildung eines strukturgleichen, verkleinerten Abbilds der Grundgesamtheit nach bestimmten Merkmalen. Bei den einzelnen Zielgruppenmerkmalen werden Schichten gebildet (z.B. Alters- oder Einkommensklassen). Innerhalb dieser Schichten ist dann – entsprechend der Grundgesamtheit – vorgegeben, wie viele Personen in den einzelnen Schichten untersucht werden müssen (sogenannte „Quoten"). Der Marktforscher muss dann in der Befragung genau diese Quoten abarbeiten. Vgl. hierzu auch „Grundgesamtheit" und „Stichprobe".

Recall-Test: Testverfahren zur Messung der Erinnerung an eine bereits gesehene oder gehörte Werbung. (An welche Inhalte kann sich der Proband erinnern? Kam die Werbebotschaft richtig an?).

Recognition-Test: Verfahren zur Messung des Wiedererkennens einer bereits gesehenen oder gehörten Werbung. (Wurde die Werbung überhaupt wahrgenommen? Fand ein relevanter Werbekontakt statt?)

Repräsentativität: Bedeutet, dass die Struktur einer Stichprobe mit der Struktur der Grundgesamtheit übereinstimmt; Stichprobe und Grundgesamtheit besitzen also die gleiche Merkmalsstruktur (beispielsweise der Anteil der Frauen oder der Anteil der 25- bis 35-jährigen Männer). Vgl. hierzu auch „Grundgesamtheit", „Stichprobe", „Vollerhebung" und „Teilerhebung".

Response: Feedback/Reaktion des Rezipienten, also des Empfängers einer Werbebotschaft. Der Werbungtreibende kann den Response erhöhen, indem er seine Werbemittel mit sogenannten Response-Elementen ausstattet, die dem Rezipienten die Reaktion „erleichtern". Typische Response-Elemente sind Antwortkarten, Bestellformulare, Coupons, Bestell- oder Info-Hotlines (am besten für den Rezipienten kostenlose 0800-Nummern), „freigemachte" Rückumschläge („Porto zahlt Empfänger"), beigefügte Gutscheine, Berechtigungskarten zur Teilnahme an Gewinnspielen sowie bei elektronischen Werbemitteln (z.B. E-Mail oder Newsletter) der Antwort-Button im E-Mail-Programm oder auch ein eingefügter Link. Vgl. hierzu auch „Rezipient".

Rezipient: Empfänger der Werbebotschaft, also der Betrachter einer Anzeige oder eines Plakats, der Leser einer Website im Internet, der mit unserem Banner konfrontiert wird, der Zuschauer einer bestimmten Sendung im Fernsehen, der in diesem Zusammenhang auch unseren TV-Spot wahrnimmt, oder der Zuhörer einer Hörfunksendung, der den von uns dort geschalteten Radio-Spot hört. Vgl. hierzu auch „Response".

Sekundärforschung (Desk Research): Nutzung von Informationen, die früher (oft zu einem anderen Zweck) erhoben wurden. Betriebsinterne Quellen der Sekundärforschung (Auswahl): Beschwerdemanagement/ Reklamationen, Verkaufsstatistiken (nach Produkten, Umsatz, Absatz, Regionen oder Kunden), alte Messegesprächsprotokolle, Betriebsabrechnungsbogen (gibt Aufschluss über die Deckungsbeiträge einzelner Produkte), Ideenmanagement. Betriebsexterne Quellen der Sekundärforschung (Auswahl): Artikel in Fachzeitschriften und Tageszeitungen, bereits vorliegende Studien von Verbänden und Marktforschungsinstituten, Internet (Websites, oft mit Download-Möglichkeiten), Statistiken von Ämtern und Ministerien (z.B. veröffentlicht das Kraftfahrtbundesamt Daten zu Neuzulassungen von Personenkraftwagen in Deutschland), Geschäftsberichte, Prospekte und Anzeigen (z.B. geben Anzeigenkampagnen oft Aufschluss über das Auftreten der Wettbewerber am Markt).

Servicepolitik: Sämtliche Maßnahmen, die die Inanspruchnahme der Unternehmensleistung erleichtern oder sogar erst möglich machen. Hier unterscheidet man zwischen kaufmännischen und technischen Services – jeweils während der Nutzung, aber auch vor und nach dem

Kauf bzw. der Nutzung (sogenannte Pre-Sales-Services und After-Sales-Services). Hierzu zählen beispielsweise die kostenlose Entsorgung der alten Geräte und die Versorgung mit Updates über einen gewissen Zeitraum (z.B. bei Virenscannern).

Sortiment: Was das Produktprogramm beim Hersteller ist, ist das Sortiment beim Handel.

Sortimentsbreite: Anzahl der verschiedenen Warengruppen. Viele verschiedene Warengruppen bilden ein breites Sortiment (z.B. Schuhe, T-Shirts, Hosen, Tennis-, Badminton- und Tischtennisschläger, Bälle für Fußball, Volleyball, Handball, Tennis, Badminton und Tischtennis, ...). Wenige verschiedene Warengruppen bilden ein schmales Sortiment (z.B. nur T-Shirts und Hosen).

Sortimentstiefe: Anzahl der verschiedenen Artikel pro Warengruppe. Viele verschiedene Artikel pro Warengruppe bilden ein tiefes Sortiment (z.B. Straßenschuhe, Wanderschuhe, Sportschuhe zum Laufen, Fußballschuhe, Tennisschuhe, Gesundheitsschuhe mit extra ausgearbeitetem Fußbett, ...). Wenige verschiedene Artikel pro Warengruppe bilden ein flaches Sortiment (z.B. nur Wanderschuhe und Laufschuhe).

Soziodemografische Zielgruppenmerkmale: Merkmale, die die Personen einer bestimmten Zielgruppe anhand ihrer wirtschaftlichen oder sozialen Situation beschreiben. Beispiele: Alter, Geschlecht, Einkommen, Familienstand, Kinder (oder nicht), Wohnort, Ausbildung, Bildungsstand. Vgl. hierzu auch „Psychografische Zielgruppenmerkmale", „Verhaltensbeschreibende Zielgruppenmerkmale" und „Zielgruppe".

Stakeholder-Ansatz: Ein Ansatz in der Beschreibung von Zielgruppen, bei dem man als Anbieter neben Kunden und potenziellen Kunden auch Absatzmittler (Händler), Medienpartner (Journalisten), Lieferanten, Mitarbeiter (und potenzielle Mitarbeiter), Anwohner und Investoren berücksichtigt; für jede dieser „Anspruchsgruppen" werden eigene Maßnahmen geplant, weil die einzelnen „Anspruchsgruppen" von den Aktivitäten eines Unternehmens betroffen sind (oder sein könnten) und daher ihre Interessen gegenüber dem Unternehmen geltend machen können (z.B. können sie eine Veranstaltung verhindern).

Stichprobe: „Ausschnitt" aus der Grundgesamtheit; ist relevant bei Teilerhebungen in der Marktforschung; die Stichprobe muss repräsentativ sein, damit man aus den Marktforschungsergebnissen auf die Grundgesamtheit schließen kann. Vgl. hierzu auch „Repräsentativität", „Grundgesamtheit", „Vollerhebung" und „Teilerhebung".

Streuung: Verteilung der Werbemittel im Zielgebiet.

Streuverluste: Kontakte, die man über die Werbemittel erreicht (und bezahlt), die man aber gar nicht braucht, weil sie nicht zur Zielgruppe gehören. Beispiel: Eine Anzeige im „Spiegel" erreicht bundesweit etwa eine Million Kontakte. Sehr schön (und mit fast 50.000 Euro für eine ganzseitige vierfarbige Anzeige auch entsprechend teuer). Aber eben bundesweit. Will man für ein regionales Autohaus in Mecklenburg-Vorpommern werben, wäre der „Spiegel" das falsche Medium. Streuverluste reduzieren die Werbeeffizienz. Man sollte sich bemühen, die Streuverluste über sorgfältige Zielgruppenanalyse und gute Mediaplanung so gering wie möglich zu halten. Vgl. hierzu auch „Streuung".

Teilerhebung: Bedeutet, dass nur ein Teil der gesamten Zielgruppe (= Grundgesamtheit) untersucht wird; eine Teilerhebung ist immer dann sinnvoll, wenn die Grundgesamtheit sehr groß ist und eine Vollerhebung daher sehr zeitaufwendig und teuer wäre. Vgl. hierzu auch „Stichprobe", „Grundgesamtheit", „Repräsentativität" und „Vollerhebung".

Teilmarkt: Marktsegment, ein Teil des Gesamtmarktes. Vgl. hierzu auch „Marktsegmentierung".

Test: Mit einem Test wird der Zusammenhang zwischen einer unabhängigen Variablen (Ursache) und einer abhängigen Variablen (Wirkung) untersucht.

Trade Marketing: Summe aller Marketingmaßnahmen eines Herstellers, die darauf gerichtet sind, Absatzmittler (Händler) zu gewinnen und gute Handelsbeziehungen zu pflegen. Wichtig sind in diesem Zusammenhang vor allem handelsgerichtete Verkaufsförderungsmaßnahmen (Trade Promotions), handelsgerichtete Werbung (z.B. Anzeigen in Handelsfachzeitschriften) und Messeauftritte (die Händler kommen während der Fachbesuchertage). Vgl. hierzu „Verkaufsförderung".

USP: Unique Selling Proposition („einzigartiger Verkaufsvorteil", Allein-stellungsmerkmal); Merkmal, mit dem ein Produkt (oder ein Unterneh-men) sich positiv vom Wettbewerb unterscheidet. Der USP ist das Argu-ment, das ein Unternehmen dem Kunden liefert, damit er sich im Markt orientieren und bewusst eine Entscheidung für eine bestimmte Marke treffen kann; so ist der Kunde trotz der Vielzahl alternativer Angebote bei seiner Kaufentscheidung weniger unsicher – und das Unternehmen erreicht eine höhere Kundenbindung und Absatzsicherheit (vgl. hierzu Wirkungskette unter „Marketing"). Ein USP muss zielgruppengerecht und langfristig am Markt haltbar sein.

Verhaltensbeschreibende Zielgruppenmerkmale: Merkmale, die die Personen einer bestimmten Zielgruppe anhand ihres Verhaltens be-schreiben. Beispiele: Verwendung einer bestimmten Produktgattung (oder nicht), welche Marke wird verwendet, Markentreue, Preisverhal-ten, Einkaufsstättenwahl, Informations- und Suchverhalten im Vorfeld der Kaufentscheidung, Mediennutzung. Vgl. hierzu auch „Psychografi-sche Zielgruppenmerkmale", „Soziodemografische Zielgruppenmerk-male" und „Zielgruppe".

Verkaufsförderung (Sales Promotion): Ein Instrument der Marketing-kommunikation (Kommunikationspolitik). Verkaufsförderung (kurz: VKF) zielt auf mittelbare und vor allem unmittelbare Absatzsteigerung. Die Maßnahmen finden meistens direkt am Point of Sale (POS) statt. Man unterscheidet zwischen Staff Promotions (= mitarbeitergerichte-ter VKF), Trade Promotions (= handelsgerichteter VKF) und Consumer Promotions (= verbrauchergerichteter VKF). Zielgruppe der Staff Pro-motions sind die eigenen Vertriebsmitarbeiter. Sie sollen motiviert sein, sich mit dem Unternehmen und den Produkten identifizieren können, eine hohe Produktkenntnis und Beratungsfähigkeit besitzen – und die Verkaufsgesprächsführung sicher beherrschen. Typische Maßnahmen im Rahmen der Staff Promotions sind Incentives, Verkäuferwettbewer-be, Produktschulungen, Prämien und Provisionen. Zielgruppe der Trade Promotions sind die Absatzmittler, u.a. die Mitarbeiter im Handel. Sie sollen motiviert sein, die Produkte des Unternehmens zu listen und deren Abverkauf am POS (z.B. im Supermarkt) zu unterstützen. Dazu müssen sie beratungsfähig sein, also eine gewisse Produktkenntnis be-sitzen. Außerdem sind Händler immer an einer hohen Umschlagshäu-figkeit (also: schnelldrehenden Artikeln) interessiert, mit denen sie wenig Aufwand haben, weil die Verbraucher bereits gut über die Produkte informiert sind und sie den Händlern quasi „aus den Händen reißen". Typische Maßnahmen im Rahmen der Trade Promotions sind Werbematerialien und Testgeräte, die man den Händlern zur Verfügung stellt, Incentives, Händlerwettbewerbe und Produktschulungen, Regalbestückungen (z.B. über sogenannte Rack-Jobber), eigene Regale (wie z.B. bei Fuchs Gewürze) und Werbekostenzuschüsse (u.a. Regalplatzierungs-WKZ). Zielgruppe der Consumer Promotions sind die Verbraucher (Konsumenten). Sie sollen auf neue Produkte aufmerksam gemacht werden und durch Kaufanreize am POS dazu gebracht werden, sich für DIESES Produkt zu entscheiden. Wenn man bedenkt, dass etwa 75 % der tatsächlichen Kaufentscheidungen direkt am POS getroffen werden, wird klar, warum die Kommunikationsmaßnahmen direkt am Regal für den Hersteller so wichtig sind. Durch VKF-Maßnahmen kann man auch die Unsicherheit der Verbraucher bei neuen Produkten reduzieren – und so eher einen Einstieg in den Markt schaffen. Typische Maßnahmen der Consumer Promotions sind Verkostungsaktionen, Gewinnspiele, Gutscheinaktionen, Sonderpreisaktionen, Produktproben, Produktbeigaben (an bereits etablierten Artikeln, z.B. Bodylotion als Zugabe am NIVEA Duschgel), Displays/Aufsteller und Bonus-Systeme.

Vollerhebung: Bedeutet, dass die gesamte Zielgruppe (= Grundgesamtheit) untersucht wird; eine Vollerhebung gibt bestmöglichen Aufschluss über die Zielgruppe; allerdings ist eine Vollerhebung im Marketing nur dann sinnvoll, wenn die Grundgesamtheit nicht so groß (also: überschaubar) ist und die Erhebung auch unter Kostenaspekten durchführbar wäre. Typische Vollerhebungen sind die Befragung von Gästen in Hotels oder Restaurants und die Evaluation bei Bildungsträgern. Die bekannteste Vollerhebung ist die Volkszählung. Vgl. hierzu auch „Stichprobe", „Grundgesamtheit", „Repräsentativität" und „Vollerhebung".

Werbemittel: Träger der Werbebotschaft. Typische Werbemittel sind Anzeigen, Plakate, Flyer, TV-Spots, Hörfunkspots und Banner auf Websites. Vgl. hierzu auch „Werbeträger".

Werbeträger: Träger des Werbemittels (Medium). Typische Werbeträger sind Zeitungen, Zeitschriften, TV-Sender, Hörfunksender und einzelne Websites bzw. Portale im Internet.

Zielgruppe: Anzahl von Menschen oder Organisationen, die bestimmte Merkmale gemeinsam haben und grundsätzlich als Kunden oder Geschäftspartner infrage kommen. Hierbei ist zunächst die Unterscheidung zwischen Firmenkunden und Privathaushalten notwendig, weil diese beiden Zielgruppen ein völlig unterschiedliches Einkaufs- und Kaufentscheidungsverhalten aufweisen. Wenn Firmenkunden (also Betriebe, Organisationen, Unternehmen) die Zielgruppe sind, spricht man von B2B-Marketing (B2B = Business-to-Business). Sind Privathaushalte die Zielgruppe, spricht man von B2C-Marketing (B2C = Business-to-Customer). Vgl. hierzu auch „B2B-Marketing", „B2C-Marketing", „Psychografische Zielgruppenmerkmale", „Soziodemografische Zielgruppenmerkmale" und „Verhaltensbeschreibende Zielgruppenmerkmale".

Zufallsauswahl: Auswahlverfahren zur Bildung einer repräsentativen Stichprobe, bei dem jedes Element der Grundgesamtheit die mathematisch gleiche Chance hat, in die Stichprobe zu gelangen. Vgl. hierzu auch „Grundgesamtheit" und „Stichprobe".

Lösungen

Hinweis: In allen Kapiteln ist in der ersten Aufgabe zu beantworten, ob eine Aussage richtig oder falsch ist. In den Lösungen wird in der betreffenden Reihenfolge r für richtig und f für falsch angegeben.

Zu Kapitel 1, Seite 14
1. f – r – f – r
2. Product für Produktpolitik, Price für Preispolitik, Place für Distributionspolitik und Promotion für Kommunikationspolitik.

Zu Kapitel 2, Seite 35
1. r – r – f – f
2. soziodemografisch sind: Alter, Haushaltsnettoeinkommen, Geschlecht, Familienstand, Wohnort
   psychografisch sind: Involvement, Werte/Normen
   verhaltensbeschreibend sind: Mediennutzung, Einkaufsstättenwahl, Markentreue

Zu Kapitel 3, Seiten 66/67
1. r – r – f – r – r – r – f – r – f – f – r – f – f – f – f – r
2. Richtige Reihenfolge von oben nach unten: Markterkundung, Marktforschung, Marktanalyse, Marktbeobachtung, Marktprognose
3. Siehe Abschnitt 3.4
4. Siehe Abschnitt 3.4.1
5. Siehe Abschnitt 3.5.

Zu Kapitel 4, Seite 80
1. r – f – f – r
2. Das Marktvolumen ist nah am Marktpotenzial. Das Marktpotenzial ist nahezu ausgeschöpft. Die tatsächlich erreichten Umsatz- und Absatzzahlen entsprechen weitgehend den überhaupt möglichen Umsatz- und Absatzzahlen.

Zu Kapitel 5, Seite 110
1. f – f – r
2. Genau bedarfsgerechte Planung: Die Höhe des Budgets richtet sich nach den Maßnahmen, die erforderlich sind, um die Marketingziele zu erreichen.

Zu Kapitel 6, Seiten 126/127

1. f – r – f – r – r – r – f – f – f – r – r

2a.

	1999	2000	2001	2002	2003	2004	2005	2006	2007
Umsatz (Tsd. €)	10	20	32	48	62	74	82	87	80
Veränd. (Tsd. €)	–	10	12	16	14	12	8	5	–7

b. Abbildung

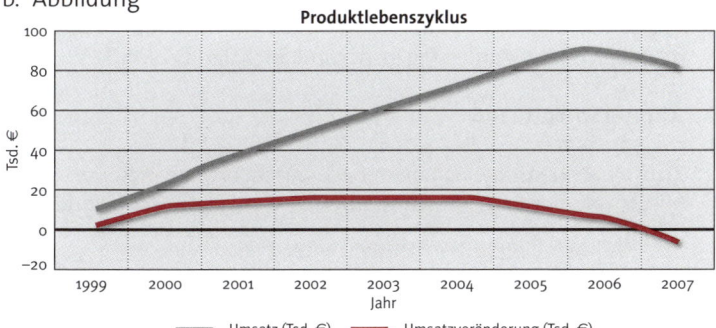

Produktlebenszyklus

━━━ Umsatz (Tsd. €)   ━━━ Umsatzveränderung (Tsd. €)

c. Einführungsphase: kann ohne Gewinnrechnung nicht eindeutig abgegrenzt werden
Wachstumsphase: bis ca. 2002
Reifephase: bis. ca. 2006
Sättigungsphase: ab. ca. 2006
Rückgangsphase: noch nicht erreicht

3. Richtige Reihenfolge von oben nach unten: 1, 4, 2, 3

Zu Kapitel 7, Seiten 137/138

1. f – r – f – f – r – r – f – f – f – r – r – r – f – r – r
2. a. Siehe Abschnitt 7.2.1
   b. 30 €
   c. = 90.000 € (nämlich 30 € x 3.000)
   d. 4.000 Stück
   e. Verlust = 30.000 €
   f. 60 €

Zu Kapitel 8, Seiten 147

1. r – f – f – f – r – r – r – r – f
2. Richtige Reihenfolge von oben nach unten: indirekter Vertrieb, direkter Vertrieb, direkter Vertrieb

Zu Kapitel 9, Seite 188

1. f – f – r
2. Verkaufsförderung findet überwiegend an demjenigen Ort statt, wo die Ware verkauft wird. Dieser Ort – z.B. das Shopping-Center – wird als „Point of Sale" (= POS) bezeichnet. Und weil sich die meisten Verkaufsförderungsmaßnahmen am POS konzentrieren, bezeichnet man die Verkaufsförderung insgesamt auch als POS-Marketing.

Zu Kapitel 10, Seite 196

1. r – r – f – f – f – r
2. Richtige Reihenfolge von oben nach unten: ökonomisch, vorökonomisch, ökonomisch, vorökonomisch, vorökonomisch, vorökonomisch

Empfohlene und verwendete Literatur

Albers, Sönke; Herrmann, Andreas (Hrsg.): Handbuch Produktmanagement; Wiesbaden: Gabler, 2007

Becker, Jochen: Das Marketingkonzept. Zielstrebig zum Marketingerfolg; München: Beck / dtv, 2010

Beckmann, Klaus; Müller-Martin, Rolf: Erfolgreiche Messeauftritte; Berlin: Cornelsen, 2004

Beiersdorf (Hrsg.): NIVEA. Entwicklung einer Weltmarke – dargestellt durch die Werbung von 1911 bis 1995; Hamburg: Beiersdorf AG, 1995

Berndt, Ralph: Marketing, Band 1: Käuferverhalten, Marktforschung und Marketing-Prognosen; Tübingen: Springer, 2013

Berndt, Ralph; Hermanns, Arnold (Hrsg.): Handbuch Marketing-Kommunikation; Wiesbaden: Gabler, 1993 (vergr.)

Böhler, Heymo: Marktforschung; Stuttgart: Kohlhammer 2004

Bruhn, Manfred: Kommunikationspolitik. Systematischer Einsatz der Kommunikation für Unternehmen; München: Vahlen, 2010

Bruhn, Manfred: Kundenorientierung. Bausteine eines exzellenten Unternehmens; München: Beck / dtv, 2011

Bruhn, Manfred: Marketing. Grundlagen für Studium und Praxis; Wiesbaden: Gabler, 2010

DIHK (Hrsg.): Umgang mit Medien, Presse, Öffentlichkeit. Ein praxisorientierter Leitfaden für den Mittelstand; Berlin: Deutscher Industrie- und Handelskammertag (DIHK), 2005

Domizlaff, Hans: Die Gewinnung des öffentlichen Vertrauens. Ein Lehrbuch der Markentechnik; Hamburg: Marketing Journal, 2005

Faulstich, Werner: Grundwissen Medien; München: Fink / UTB, 2004

Fuchs, Wolfgang A.: Handbuch After Sales Communication; Berlin: Cornelsen, 2004 (vergr.)

Geffken, Michael; Kalka, Jochen: Anzeigen perfekt gestalten. Was man bei Planung, Kreation und Einsatz von Printwerbung beachten sollte; Landsberg am Lech: mi Verlag Moderne Industrie, 2001 (vergr.)

Grey Düsseldorf (Hrsg.): Wie man Marken Charakter gibt; Stuttgart: Schäffer-Poeschel, 1993

Hans-Bredow-Institut (Hrsg.): Medien von A bis Z; Lizenzausgabe für die Bundeszentrale für politische Bildung (bpb); Wiesbaden: VS Verlag für Sozialwissenschaften, 2006

Herbst, Dieter: Corporate Identity; Berlin: Cornelsen, 2012

Herbst, Dieter: Public Relations; Berlin: Cornelsen, 2007

Hofsäss, Michael; Engel, Dirk: Praxishandbuch Media-Planung; Berlin: Cornelsen, 2006 (vergr.)

Hörner, Thomas: Marketing im Internet. Konzepte zur erfolgreichen Online-Präsenz; München: Beck / dtv, 2006

Huber, Andreas: Marketing. Band 7 der Reihe „Kompaktstudium Wirtschaftswissenschaften"; München: Vahlen, 2006

Kastin, Klaus S.: Marktforschung mit einfachen Mitteln; München: Beck / dtv, 2008

Knieß, Michael: Kreativitätstechniken. Methoden und Übungen; München: Beck / dtv, 2006

Kreutz, Bernd: „Also, ich glaube, Strom ist gelb". Über die Kunst, Konzerne Farbe bekennen zu lassen; Ostfildern-Ruit: Hatje Cantz, 2000

Marquart, Christian: MesseManager: Konzept, Planung, Durchführung, Kontrolle; Ludwigsburg: av edition, 2000

Meißner, Bruno; Vollmer, Winfried: Das ABC des Messeauftritts. Messen optimal planen und erfolgreich durchführen; Würzburg: Lexika, 1999

Moser, Klaus: Markt- und Werbepsychologie; Göttingen: Hogrefe, 2002

Nieschlag, Robert; Dichtl, Erwin; Hörschgen, Hans: Marketing; Berlin: Duncker & Humblot, 2002

Pepels, Werner: Kommunikations-Management. Marketing-Kommunikation vom Briefing bis zur Realisation; Stuttgart: Schäffer-Poeschel, 2001

Pesch, Jürgen: Marketing; Konstanz: UVK / UTB, 2010

Reetze, Jan: Gläserne Verbraucher. Markt- und Medienforschung unter der Lupe; Frankfurt am Main: Fischer Taschenbuch, 1998

Rudolph, Alfred; Rudolph, Miriam: Customer Relationship Marketing – individuelle Kundenbeziehungen; Berlin: Cornelsen, 2002 (vergr.)

Schäfer-Mehdi, Stephan: Event-Marketing; Berlin: Cornelsen, 2012

Schneider, Karl; Pflaum, Dieter: Werbung in Theorie und Praxis; Waiblingen: M + S Verlag, 2003

Schnettler, Josef; Wendt, Gero: Kommunikationspolitik. Lehr- und Arbeitsbuch für die Aus- und Weiterbildung; Berlin: Cornelsen, 2010

Schnettler, Josef; Wendt, Gero: Marketing und Marktforschung. Lehr- und Arbeitsbuch für die Aus- und Weiterbildung; Berlin: Cornelsen, 2011

Schnettler, Josef; Wendt, Gero: Werbung planen – Konzeption, Media und Kreation, Gestaltung für Werbe- und Kommunikationsberufe. Lehr- und Arbeitsbuch für die Aus- und Weiterbildung; Berlin: Cornelsen, 2011

Unger, Fritz (u.a.): Mediaplanung. Methodische Grundlagen und praktische Anwendungen; Heidelberg: Physica, 2007

Vergossen, Harald: Marketing-Kommunikation; Ludwigshafen (Rhein): Kiehl, 2004

Weis, Hans Christian: Kompakt-Training Marketing; Ludwigshafen (Rhein): Kiehl, 2013

Weis, Hans Christian: Marketing; Ludwigshafen (Rhein): Kiehl, 2012

Stichwortverzeichnis

Absatzwege 147
Abschöpfungsstrategie 135
AIDA-Modell von Lewis 151
Aktivierung 151
Alleinstellungsmerkmal 97
Allensbacher Werbeträger-
  analyse (AWA) 64
Ambient Media 180
Analyse der Marktsituation
  84
Ausstellungen 172
Auswertung 61
Bedürfnispyramide von
  Maslow 29
Befragung 40
Behaviorscan-Testmarkt 58
Bekanntheit 148, 183
Beobachtung 51
Black-Box-Modell 30
Blickaufzeichnung 191
Boston Consulting Group 116
Break-even-Analyse 119, 130
Budgetierung 107
Business-to-Business 14
Business-to-Customer 14
Buying-Center-Modell von
  Webster & Wind 33
Cash Cows 117
Chancen-Risiken-Analyse 76
Copy Platform 153, 208
Corporate Identity 187, 208
Cross-Marketing 179
Cunningham, Risikomodell
  von 27
Deckungsbeitrag 129
Destination Marketing 14
Dialogmarketing 168
Dienstleistungsmarketing 13
Diffusionsmodell
  von Rogers 27
Direkter Vertrieb 144
Direktmarketing 168
Distribution von Dienstleis-
  tungen 146
Distributionspolitik 139
Diversifikation 102, 209
Diversifikationsstrategie 102
Durchdringungsstrategie
  100, 135
Einstellungen 149
Einzelhandel 142

Erhebungsmethoden 40
Erinnerungsverfahren 192
Erklärung des Kaufverhaltens
  27
Fernsehzuschauerpanel 57
Folgen beim Kauf 21
Fragebogengestaltung 45
Fragetypen 45, 170
Fragezeichen 117
Franchising 144
Garantieleistungspolitik 126
Gesamtmarktsituation 197
Geschäftseinheiten (SGE),
  strategische 116
Gestaltung von Werbe-
  mitteln 157
Großhandel 142
Grundgesamtheit 59, 210
Handelsmarketing 14
Handelssortiment 121
Handelsstufen 140
Handelsvertreter 145
Herstellerprogramm 121
Howard & Sheth,
  SOR-Modell von 30
Image 149
Indirekter Vertrieb 140
Information 150
Informationsgewinnung 36
Informationsquellen 39
Instrumente der Marketing-
  kommunikation 221
Internet 181
Investitionsgütermarketing
  13
Involvement 23
Kauf, Folgen beim 21
Kaufverhalten 15, 20, 24, 27
Kommissionär 144
Kommunikationsmodell 156
Kommunikationspolitik 148
Konkurrenzanalyse 69
Konsumgütermarketing 13
Kontrahierungspolitik 128
Kooperationspartner 73, 203
Kostenführerschaft 96
Kostenpläne 37
Kreditpolitik 134
Kundenlaufstudie 52
Laterale Diversifikation 104
Lieferanten 73

Lieferbedingungen 134
Makler 144
Markenname 183
Markenpolitik 182
Markenzeichen 184
Marketing 7 ff.
Marketingdefinition 8
Marketingforschung 189
Marketinginstrumentarium
  104
Marketinginstrumente 10, 111
Marketingkommunikation,
  Instrumente der 221
Marketingkontrolle 109, 189
Marketinglogistik 147
Marketingmix 104, 212
Marketingplan 197
Marketingplanung 79
Marketingplanungsprozess
  79
Marketingregelkreis 12
Marketingstrategien 93
Marketingziele 69, 87 ff., 91
Marketingziele,
  ökonomische 87
Marketingziele,
  psychologische 88
Marktanalyse 70, 212
Marktanteil 71, 88, 212
Marktdurchdringungs-
  strategie 100
Märkte 13
Marktentwicklungsstrategie
  100
Marktforschung 36 ff.
Marktpotenzial 70, 213
Marktsegmentierung 82, 213
Marktsegmentierungs-
  kriterien 85
Marktsegmentierungs-
  strategien 85
Marktsituation 68, 70, 84
Marktsituation,
  Analyse der 84
Marktstimulierungs-
  strategien 94
Marktvolumen 71, 212
Maslow, Bedürfnispyramide
  von 29
Media-Analyse (MA) 63 f.
Mediaplanung 161

Medientypologie 159
Meinungsforschung 38
Merchandising 179
Messebeteiligung 103, 171
Messen 170, 190
Messung der Wahrnehmung
   191
Motivforschung 59
Nachfrageorientierte
   Preisbildung 131
Non-Profit-Marketing 13
Nutzen 111
Öffentlichkeitsarbeit 163
Ökonomische Marketingziele
   87
Ökonomischer Werbeerfolg
   193
Online-Befragung 44
Online-Marketing 180
Panel 56, 214
Penetrationsstrategie 135
Persönlicher Verkauf 169
Planungsprozess 81
Poor Dogs 118
Portfolioanalyse 115
Positionierung 97
Potenzialanalyse 69
Präferenzen 111
Präferenzstrategie 95, 214
Preisaktionen 26, 133, 171
Preisbestimmung 130
Preisbildung 129, 131
Preisbildung, nachfrageori-
   entierte 131
Preisdifferenzierung 132, 215
Preiselastizität 131
Preisfindung, wettbewerbs-
   orientierte 131
Preis-Mengen-Strategie 98,
   208
Preispolitik 128, 215
Preispositionierungsstrategie
   136
Preisstrategien 134
Presseinformation 166
Primärforschung 39, 54
Product-Placement 178
Produktdifferenzierung 123
Produktdiversifikation 124
Produkteliminierung 124, 216
Produktentwicklungs-
   strategie 101
Produktinnovation 119, 216
Produktlebenszyklus 112, 216

Produkt-Markt-Matrix 98
Produktpolitik 111, 216
Produktprogramm 121
Produkttest 54
Produktvariation 123, 217
Programmbreite 121
Programmpolitik 123
Programmtiefe 121
Projektionsverfahren 49
Psychologische Marketing-
   ziele 88, 148
Public Relations 163
Qualitätsführerschaft 95
Quotenverfahren 60, 217
Rabattpolitik 133
Randomverfahren 60
Recognition 193
Reichweite 162
Response 33, 218
Risikomodell von
   Cunningham 27
Rogers, Diffusionsmodell von
   27
Sales Promotion 170, 221
Scoring-Modell 120
Sekundärforschung 38, 218
Servicepolitik 125, 218
Sinus-Milieus 17
Situationsanalyse,
   strategische 68
Skimmingstrategie 135
Social Marketing 14
SOR-Modell von Howard &
   Sheth 30
Sortimentsaufbau 121
Spiegeltischverfahren 191
Sponsoring 175
Stärken-Schwächen-Analyse
   76
Stars 117
Stichprobenbildung 59
Stimulus 32
Strategie 13
Strategische Geschäfts-
   einheiten (SGE) 116
Strategische Situations-
   analyse 68
SWOT-Analyse 77
Tachistoskop-Test 191
Teilerhebung 59, 220
Teilmärkte 82, 198, 220
Test 54, 220
Testkäufer 52
Testmarkt 56, 58

Testpersonen 53
Typologie des Kaufverhaltens
   24
Umfeldanalyse 74
Unternehmerisches
   Zielsystem 91
USP 97
Variablen 54
VerbraucherAnalyse (VA)
   65
Verbraucherverhalten 69
Verkauf, persönlicher 169
Verkaufsförderung 170
Vertragshändler 145
Vertrieb, direkter 144
Vertrieb, indirekter 140
Vertriebspolitik 139
Vierfelder-Portfolio 117
Vier-P-Modell 10, 205
Vollerhebung 59, 222
Wahrnehmung 32, 191
Wahrnehmung,
   Messung der 191
Webster & Wind, Buying-
   Center-Modell von 33
Werbeerfolg,
   ökonomischer 193
Werbeerfolgskontrolle 189
Werbemittel 156
Werbemittel,
   Gestaltung von 157
Werbeträger 158, 222
Werbeträgeranalyse (AWA),
   Allensbacher 64
Werbeträgerforschung 158
Werbewirkung 190
Werbung 156
Werbung im Internet 181
Wertschöpfungskette 103
Wettbewerber 199
Wettbewerbsorientierte
   Preisfindung 131
Wettbewerbsstrategien
   94
Wiedererkennung 193
Zahlungsbedingungen 134
Zeitpläne 203
Zielgruppen 15
Zielgruppenmerkmale 17, 84,
   217
Zielpyramide 92
Zielsystem,
   unternehmerisches 91

Über Herausgeber und Autoren

FORUM Berufsbildung ist ein freier und gemeinnütziger Bildungsträger in Berlin, der sich insbesondere für eine teilnehmerorientierte und praxisnahe Weiterbildung einsetzt. Seit 1985 bietet das FORUM Berufsbildung Fortbildungen, Umschulungen, Fernlehrgänge, Ausbildungen, Seminare und berufsbegleitende Weiterbildung an. Ein großer Teil der Maßnahmen schließt mit externen (Kammer-)Prüfungen ab. Nicht nur die Nähe zur Praxis und die hohe Qualifikation der Dozenten zeichnen das Bildungsangebot aus, sondern auch der enge Kontakt zwischen Teilnehmern, Lehrkräften und Studienleitern.

Mit diesen umfassenden Erfahrungen mit beruflicher Qualifikation und Prüfungsvorbereitung und als unabhängiger und neutraler Bildungsträger fungiert das FORUM Berufsbildung als beratender Herausgeber für die Reihe „Grundwissen".

Uwe Engler, geboren 1970 in Berlin, hat eine Ausbildung zum Verlagskaufmann absolviert und anschließend Wirtschaftskommunikation studiert. Er verfügt über berufliche Erfahrungen als New Business Manager einer großen Werbeagentur und als Marketing Manager auf Konzernseite (Energie und Immobilien). Seit mehreren Jahren ist er in der beruflichen Aus- und Weiterbildung tätig, u.a. als Ausbilder für Veranstaltungskaufleute und Kaufleute für Marketingkommunikation. Er ist Dozent am FORUM Berufsbildung.

Dipl.-Kauffrau Ellen Hautmann studierte Betriebswirtschaftlehre mit dem Schwerpunkt Marketing an der Technischen Universität Berlin. Mehre Jahre arbeitete sie in der Vertriebsleitung und als Produktmanagerin in branchenführenden Unternehmen des Investitions- und Bildungsbereichs. Sie ist heute als Dozentin, Coach und Trainerin in der Erwachsenenbildung tätig. Seit fünf Jahren bereitet sie erfolgreich angehende Kaufleute auf IHK-Prüfungen im Fachgebiet Marketing vor.

Quellenverzeichnis

Seite 18: Sinus Markt- und Sozialforschung, GmbH, www.sinus-institut.de

Seite 47: Verena Hinze, Essen

Seite 173: Ausstellungs- und Messe-Ausschuss der Deutschen Wirtschaft e.V., www.auma.de

Seite 177: BBDO live GmbH, www.bbdo-live.com

Seite 184 – Logos
- links oben: Mit freundlicher Genehmigung von PLAYMOBIL. PLAYMOBIL ist ein eingetragenes Warenzeichen der geobra Brandstätter GmbH & Co. KG.
- links unten: Siemens AG, Siemens Deutschland
- mittig oben: Deutsche Lufthansa AG
- mittig unten: Nike AGS / Region Western Europe, Frankfurt
- rechts oben: BMW Group, München
- rechts unten: Wella – Marke von Procter & Gamble

Seite 185 oben: Procter & Gamble, www.pg.com

Seite 186 unten: Dr. Oetker Nahrungsmittel KG